高等院校“十二五”规划精品教材

XML
Jishu jiaocheng

XML技术教程

主　编　王占中
副主编　芦娜　许研　姬利娜

西南财经大学出版社
Southwestern University of Finance & Economics Press

图书在版编目(CIP)数据

XML 技术教程/王占中主编．—成都:西南财经大学出版社,2011.12
ISBN 978-7-5504-0497-7

Ⅰ.①X… Ⅱ.①王… Ⅲ.①可扩充语言,XML—程序设计—高等学校—教材 Ⅳ.①TP312

中国版本图书馆 CIP 数据核字(2011)第 258101 号

XML 技术教程

主　编:王占中

副主编:芦　娜　许　研　姬利娜

责任编辑:李霞湘

助理编辑:庞光伟　李玉华

封面设计:杨红鹰

责任印制:封俊川

出版发行	西南财经大学出版社(四川省成都市光华村街 55 号)
网　址	http://www.bookcj.com
电子邮件	bookcj@foxmail.com
邮政编码	610074
电　话	028-87353785　87352368
印　刷	四川森林印务有限责任公司
成品尺寸	185mm×260mm
印　张	15
字　数	340 千字
版　次	2011 年 12 月第 1 版
印　次	2011 年 12 月第 1 次印刷
书　号	ISBN 978-7-5504-0497-7
定　价	29.00 元

前言

近二十年来，对于 Internet 的飞速发展，HTML 可以说居功至伟。HTML 使贩夫走卒到大学教授都能方便地使用 Internet。但是随着 Internet 的发展，海量数据的出现对网络技术提出了新的要求——从浩如烟海的数据中准确地提取出有用的数据。这就要求对数据准确地定义和表达，而这是 HTML 所不能胜任的。HTML 只是方便人们浏览网页，不具备数据定义的能力。作为 HTML 的补充，XML 应运而生。

XML 是由万维网联盟（W3C）定义的一种标记语言，是表示结构化数据的行业标准。利用 XML，各个行业或组织可以按照自己的需要定义数据标准，从而使得 Internet 上的数据相互交流更加方便。利用 XML，可以通过编程自动地处理网上数据，而不只是浏览网页。利用 XML，可以将不同来源的数据进行无缝集成，这成为 Web Service 和电子商务的支点。

本书结合实例详细讲解了 XML 的基本知识与应用。全书共分 9 章。第 1 章主要对 XML 作了简单的介绍，使读者对 XML 的来源、概念、相关技术有一个整体的了解。第 2 章是 XML 的语法部分，介绍了诸如 XML 的文件结构、元素规则、属性规则、名称空间、处理指令等内容，使读者能够创建格式良好的 XML 文档。第 3、4 章是关于有效性检测的内容，即是对 XML 文档数据结构进行约束的技术。其中第 3 章介绍文档类型定义（DTD）。DTD 以特定的方式说明元素约束、属性约束以及实体的声明与引用。第 4 章介绍 Schema 技术。Schema 所起的作用和 DTD 一样，其优势在于它是一个规范的 XML 文档且在完成元素和属性约束的同时极大地丰富了数据类型，其次 Schema 对名称空间有较好的支持。第 5、6 章是关于显示技术的内容，包括 CSS 和 XSL。CSS 是先于 XML 出现的技术，规定文档中各数据单元在网页中的显示样式，使网页更加生动、引人入胜；XSL 是用 XML 文档书写的样式语言，它能根据用户的需要将 XML 的树状结构转换成其他的树状结构，满足各种不同的显示需要。第 7、8 章是 XML 解析技术，解析技术是程序化处理 XML 数据的技术保障。第 7 章介绍的 DOM 接口技术是 W3C 定义的接口标准，这使对 XML 的解析规范化。DOM 的基本思想是将 XML 中各种内容映射成内存中的一棵树，可以随机地对数据进行读取、添加、修改与删除处理。第 8 章介绍 SAX 接口技术，它是将读取 XML 文档时遇到的各种数据都映射成事件，事件处理器捕获事件进行相应处理。SAX 接口编程只能顺序处理 XML 且只能读取不能编辑，编程的重点在事件处理器的构建。本书的最后一章介绍 XML 与其他数据文件的转换。XML 是作为 Internet 上数据交换的标准出现的，欲融入到各式各样的处理系统，必须解决和现有的数据文件的转换问题。这里我们选取数据库和 Excel 表作了与 XML 的转换尝试。XML 和数据库表的转换见诸于其他的资料，XML 与 Excel 表的转换是本书的一个特色。

本书分工情况如下：王占中撰写第 1、7、8、9 章并统筹全书的整体构架；芦娜撰写第 5、6 章；许研撰写第 3、4 章；姬利娜撰写第 2 章。另外，李阳为本书提出一些合理建议并完成了部分章节的习题。

本书是我们教授 XML 的总结，如果能对读者学习 XML 有些许帮助，我们将无比高兴。XML 的内容极为丰富，绝不是一部教材可以涵盖的，我们只是选取了较为基本、实用的部分。读者欲在实际系统中使用 XML 文档，还需要参考其他资料特别是丰富的网上资源。我们在此也想给读者一条建议：学习 XML 技术的根本方法是实际的应用而不是对条文的记忆。由于我们水平有限，书中错误在所难免，敬请批评指正。

编者

2011 年 12 月

目 录

第一章 概述

主要内容

- ▶ XML 发展过程
- ▶ XML 的优点
- ▶ XML 设计的目标
- ▶ XML 编辑工具
- ▶ 知识体系介绍

难点

- ▶ 标记的理解
- ▶ 知识体系理解

1.1 XML 的发展史

XML 的全称是 Extensible Markup Language,其意为可扩展的标记语言,它是标准通用标记语言(Standard Generalized Markup Language,SGML)的一个子集。那么标记语言又是什么呢?

1.1.1 标记语言产生

首先解决的一个问题是:"什么是标记?"标记一般意义上的理解是记号。其实我们现实生活中用到记号的情景很多,例如我们阅读时在书中用自己熟悉的记号在感兴趣的部分或是重点内容处标出。所以,我们可以理解成记号的作用是将某一部分内容与其他的内容区分开来,只不过计算机所能处理的记号不是我们随手做的记号,而是文档中的电子记号。

标记语言就是使用某种"记号"来表示特殊信息的语言,如用一种"记号"来表示格式信息或表示数据信息。

表示格式的事例大量存在于 HTML 中,可以这样讲,HTML 中的绝大部分标记都是格式的指定。如 <table> 是要生成一个表格, <p> 是要生成一个自然段, <font> 是要指定字体字号等。为了更好地理解标记语言,我们从一些具体应用软件介绍。

1.1.2 RTF 标记语言

RTF(Rich Text Format)是在文字处理软件中广泛应用的一种标记语言,Windows 系统自带的 Word 和写字板等软件都支持这种标语言。标记语言离我们很近,我们每天做文档资料时都要和它打交道。RTF 语言预先定义了许多标记,这些标记可以表示字体、排版等各种信息。下面通过具体的实例来感知这种语言的特点。

(1)打开 Word 2003,进入如图 1.1 所示的窗口。

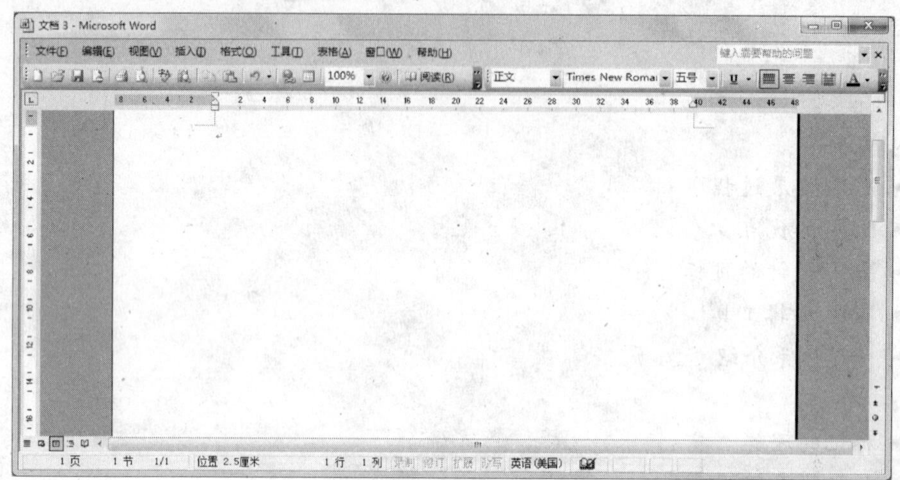

图 1.1 Word 2003 窗口

(2)在窗口中输入"去年今日此门中,人面桃花相映红",将"桃花"改成红色,其最终结果如图 1.2 所示。

图 1.2 输入文字后结果

(3)将文档保存成 RTF 文件格式,保存格式如图 1.3 所示。

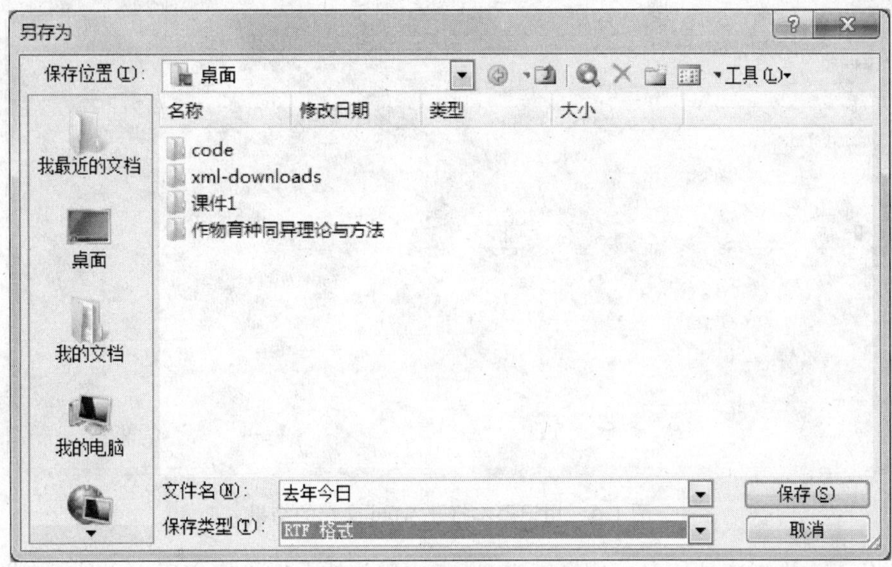

图 1.3 保存文件界面

该文件已经保存到桌面的文件中,使用记事本程序打开该文件的结果,如图 1.4 所示。

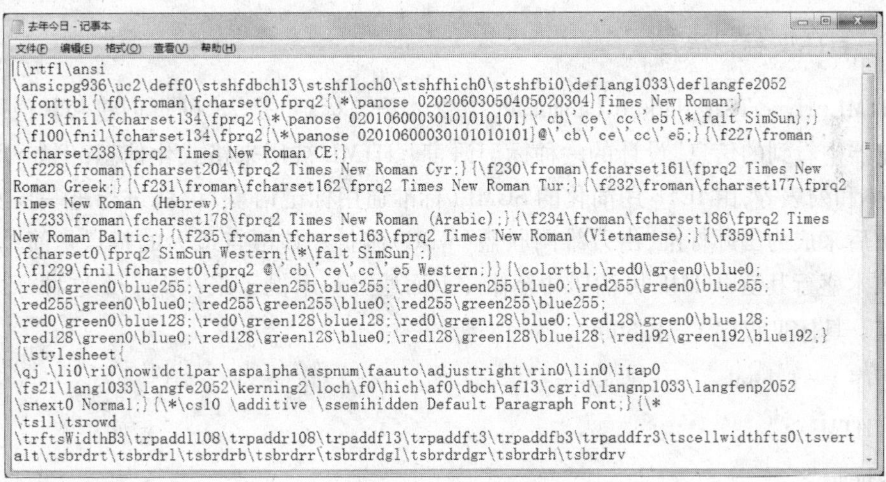


```
{\rtf1\ansi
\ansicpg936\uc2\deff0\stshfdbch13\stshfloch0\stshfhich0\stshfbi0\deflang1033\deflangfe2052
{\fonttbl{\f0\froman\fcharset0\fprq2{\*\panose 02020603050405020304}Times New Roman;}
{\f13\fnil\fcharset134\fprq2{\*\panose 02010600030101010101}\'cb\'ce\'cc\'e5{\*\falt SimSun};}
{\f100\fnil\fcharset134\fprq2{\*\panose 02010600030101010101}@\'cb\'ce\'cc\'e5;}{\f227\froman
\fcharset238\fprq2 Times New Roman CE;}
{\f228\froman\fcharset204\fprq2 Times New Roman Cyr;}{\f230\froman\fcharset161\fprq2 Times New
Roman Greek;}{\f231\froman\fcharset162\fprq2 Times New Roman Tur;}{\f232\froman\fcharset177\fprq2
Times New Roman (Hebrew);}
{\f233\froman\fcharset178\fprq2 Times New Roman (Arabic);}{\f234\froman\fcharset186\fprq2 Times
New Roman Baltic;}{\f235\froman\fcharset163\fprq2 Times New Roman (Vietnamese);}{\f359\fnil
\fcharset0\fprq2 SimSun Western{\*\falt SimSun};}
{\f1229\fnil\fcharset0\fprq2 @\'cb\'ce\'cc\'e5 Western;}}{\colortbl;\red0\green0\blue0;
\red0\green0\blue255;\red0\green255\blue255;\red0\green255\blue0;\red255\green0\blue255;
\red255\green0\blue0;\red255\green255\blue0;\red255\green255\blue255;
\red0\green0\blue128;\red0\green128\blue128;\red0\green128\blue0;\red128\green0\blue128;
\red128\green0\blue0;\red128\green128\blue0;\red128\green128\blue128;\red192\green192\blue192;}
{\stylesheet{
\qj \li0\ri0\nowidctlpar\aspalpha\aspnum\faauto\adjustright\rin0\lin0\itap0
\fs21\lang1033\langfe2052\kerning2\loch\f0\hich\af0\dbch\af13\cgrid\langnp1033\langfenp2052
\snext0 Normal;}{\*\cs10 \additive \ssemihidden Default Paragraph Font;}{\*
\tsl1\tsrowd
\trftsWidthB3\trpaddl108\trpaddr108\trpaddfl3\trpaddft3\trpaddfb3\trpaddfr3\tscellwidthfts0\tsvert
alt\tsbrdrt\tsbrdrl\tsbrdrb\tsbrdrr\tsbrdrdgl\tsbrdrdgr\tsbrdrh\tsbrdrv
```

图 1.4 RTF 源码展示

Word 2003 只是这些代码的生成工具,是一种代码生成器。读者可以在记事本中手工创建该文件(但是相当不易!这也是代码生存工具存在的必要性),其效果是一样的。

Word 文档也是标记语言生成的,但是当使用记事本打开任意一个 Word 文档时得到的结果却与 RTF 文档有很大不同,如图 1.5 所示。

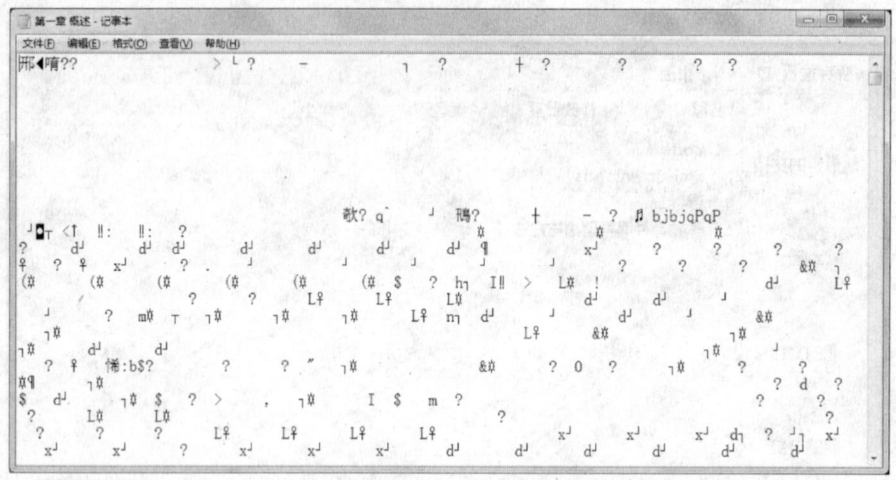

图 1.5　用记事本打开 Word 文档的结果

为什么会出现这种情况？这是因为 Word 应用软件在生成标记语言文件后又将其转换成二进制形式。

上面我们介绍了日常办公软件中存在的标记语言，说明了标记语言其实离我们很近。下面介绍在 Web 使用的一种标记语言 HTML。

1.1.3　HTML 标记语言

HTML(HyperText Markup Language，超文本语言标记)是为“网页创建和其他可在网页浏览器中看到的信息”设计的一种标记语言。HTML 被用来格式化信息，例如标题、段落、字体和列表等，由 IETF 用简化的 SGML(标准通用标记语言)语法进行进一步发展的 HTML，后来成为国际标准，由万维网联盟(W3C)维护。该语言最大的特点是简单明了，Web 技术盛行其道，HTML 可谓居功至伟。下面通过一个例子来认识一下这种标记语言的特点。具体见程序 1 - 1.html。

程序 1 - 1.html

```
< HTML >
< head >
< title >你好</title >
</head >
< body >
< p >这是一个 HTML 网页</p >
</body >
</HTML >
```

该文件的作用效果很简单，只在浏览器的窗口中显示“这是一个 HTML 网页”，在 IE 浏览器中的显示结果如图 1.6 所示。

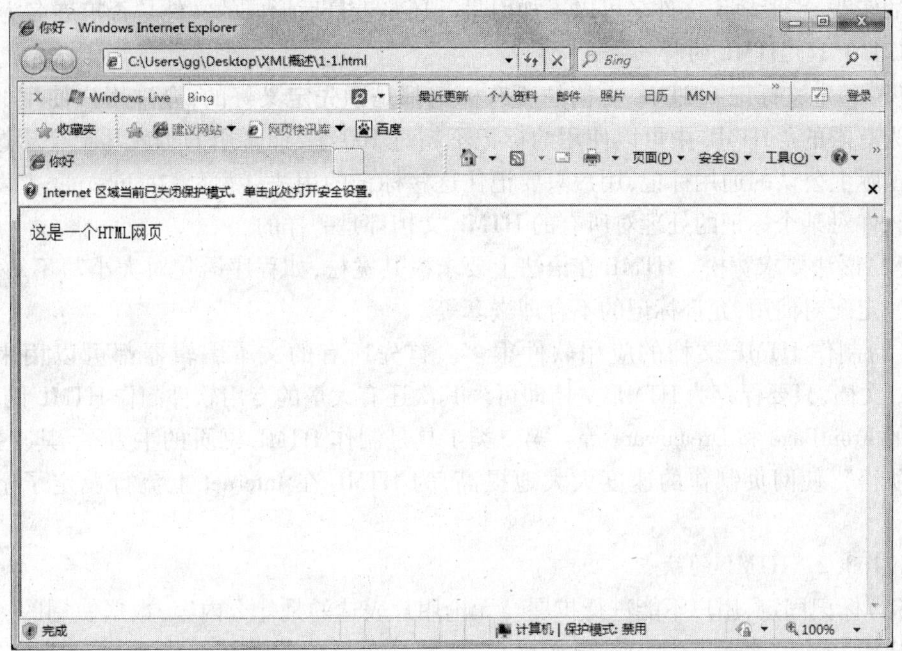

图 1.6 HTML 标记语言在浏览器中显示结果

本书几乎所有的程序都可以在记事本中完成，调试工具可以使用 Web 浏览器和记事本。下面的例子显示了如何调试程序 1 - 1. html。

(1)打开记事本程序

(2)在该记事本中输入程序 1 - 1. html 代码，然后保存，保存的设置如图 1.7 所示。

图 1.7 文件保存成 HTML 的方法

保存时需注意：其一，在文件名文本框内输入“1 - 1. html”，即强制性地将文件命名为“1 - 1. html”，表示它的格式是 HTML 的；其二，保存的类型选择“所有文件”的。根据笔者的实践,一般地说文件名可以不加引号。还是看最后形成的文件是否扩展名为 txt。

1.1.3.1 HTML 的特点

(1)预定义标记。HTML 文档的所有标记都是预先定义好的,允许用户使用的标记是极为有限的。HTML 中可以使用的标记不超过 100 个,而常用的也就几十个。这些标记是国际上公认的通用标记,用户只要记住这些标记的用法,就可以在 Internet 上发布网页。软件对某个标记的处理对所有的 HTML 文档都是一样的。

(2)语法要求宽松。HTML 在语法上要求极其宽松,如程序语句对大小写不敏感,标记不一定配对使用,允许标记的不合理嵌套等。

(3)制作 HTML 文档的应用软件很多。首先所有的文本编辑器都可以用来生成 HTML 文档,只要保存为 HTML 文档即可。其次还有大量的专用软件制作 HTML 网页,如著名的 FrontPage 和 Dreamware 等。第二类工具是制作 HTML 网页的主力军,其支持“所见即所得”,使网页制作的速度大大地提高,为 HTML 在 Internet 上流行奠定了坚实的基础。

1.1.3.2 HTML 的缺点

(1)标记固定,用户不能进行扩展。无论用户表达的是什么内容,数据使用的标记都是一样的,不能为特别的应用量身定制。

(2)HTML 的标记是为排版服务的。HTML 本质上是一种格式显示语言,和 RTF 标记所起的作用是相似的。它不能把数据和格式区分开来,这个缺点导致了 XML 的出现。

(3)HTML 标记语言的标准不统一。HTML 和浏览器的关系极为密切。HTML 的网页效果只有通过浏览器的解释才能体现出效果,而各厂商的浏览器产品对标记的支持不尽相同,导致同一个网页在不同的浏览器下效果有可能不一致,从而出现为适应不同的浏览器而编制 HTML 的现象。

1.1.4 标准通用标记语言

开篇就提到 XML 是 SGML 的子集,本节对其进行简单的介绍。在 20 世纪 80 年代早期,IBM 提出在各文档之间共享一些相似的属性,例如字体大小和版面。IBM 设计了一种文档系统,通过在文档中添加标记,来标识文档中的各种元素,IBM 把这种标识语言称作通用标记语言(Generalized Markup Language,GML)。经过若干年的发展,1984 年国际标准化组织(ISO)开始对此提案进行讨论,并于 1986 年正式发布了为生成标准化文档而定义的语言标准(ISO 8879),称为新的语言 SGML,即标准通用标记语言。下面简单介绍其优缺点。

1.1.4.1 SGML 的优点

(1)稳定性高。SGML 从成为国际规范以来,已经发展了三十多年,可信度高,而且构架极为规范。

(2)功能完备。SGML 的功能极为强大,是一种元语言,可以对数据以及数据之间的关系进行描述。

(3)可移植性好。SGML 的设计一开始就注意到了通用性,能够跨越不同的软硬件平台。

1.1.4.2 SGML 的缺点

(1)过于复杂。SGML 规范考虑到方方面面的问题,造成其过于复杂,这是影响其应用的重要因素。

(2)开发费用昂贵。SGML 的高复杂性导致相关软件的开发费用很高,因此只有一些大型企业才会使用,较小的企业没有能力开发。

1.1.5 可扩展的标记语言

SGML 功能非常强大,是可以定义标记语言的元语言,然而由于其过于复杂,不适合在 Web 上应用。于是,W3C 组织在 1996 年便开始设计一种可扩展的标记语言,以便能将 SGML 的丰富功能与 HTML 的易用性结合到 Web 应用中。1998 年 2 月,W3C 发布了 XML1.0 标准,其目的是在 Web 上以 HTML 的使用方式提供、接收和处理通用的 SGML。XML 是 SGML 的一个简化子集,它以一种开放的、自我描述的方式定义了数据结构。在描述数据内容的同时能突出对结构的描述,从而反映出数据与数据之间的关系。

1.1.6 SGML、HTML 和 XML 之间的关系

SGML 是一种在 Web 发明之前就已经存在的使用标记来描述文档资料的通用语言。它是一种定义标记语言的元语言。HTML 与 XML 都是从 SGML 发展而来的标记语言,因此,它们有一些共同点,如相似的语法和标记的使用。不过 HTML 是在 SGML 定义下的一个描述性的语言,只是 SGML 的一个应用,其 DTD 作为标准被固定下来;而 XML 是 SGML 的一个简化版本,是 SGML 的一个子集。严格意义上来说,XML 仍然是 SGML。

HTML 不能用来定义新的应用,而 XML 可以。例如 RDF 和 CDF 都是使用 XML 定义的应用。事实上,XML 和 SGML 是兼容的,但又没有 SGML 那么复杂,它被设计用于有限带宽的网络,如 Internet。XML 规范的制定者之一 Tim Bray 说,XML 的设计出发点是取 SGML 的优点,去除复杂的部分,使其保持轻巧,以便在 Web 上工作。

HTML、XML 和 SGML 都将继续用于其合适的地方,它们之间是互补而不是替换关系。对于像新闻、网络日记、论坛留言等大部分短期的数据,HTML 仍是在 Web 上快速发布数据的最简单的方法。如果数据长期使用,并且需要更多的一些结构,使用 XML 更合适。不同于 HTML 和 XML,SGML 可能永远不会在 Internet 上被广泛接受,因为它不是为某个网络协议而设计的,也从来没有为某个网络协议的需求而优化过。对于高端的、复杂结构的发布应用,SGML 将继续使用。

1.2 XML 的优点

XML 之所以能够如此流行,自然有它自身的优越性。尤其是与 HTML 相比,它所特有的性质克服了 HTML 所固有的甚至可以说是致命的一些缺陷。首先,HTML 是一种样式语言,它目前在 Internet 中扮演的只是数据表示的角色,只适合人们去阅读。随着网上海量信息的出现,需要计算机程序为人们进行信息的筛选和处理,此时 HTML 越来越难

以胜任。其次，HTML 对浏览器的过度依赖也形成了 HTML 的标准严重不统一，从而导致许多信息表示只能由某种特定的浏览器来解释。下面首先介绍 XML 的特性。

1.2.1 XML 的特性

与 HTML 比较，XML 作为元标记语言主要包含以下特性。

1.2.1.1 XML 的核心是数据

与 HTML 的重视文档格式不同，XML 中数据与样式分离，这种分离使得文档的数据从样式中彻底独立出来。XML 的用户可以随心所欲地设计自已的数据内容，而无需考虑这些内容如何显示。同时，样式同数据分离之后，开发者可以根据不同的应用设计不同的样式。例如，要在浏览器上显示 XML 文档，就可以为文档设计 CCS 或 XSL 样式单，使其具有 HTML 的显示效果；如果文档要输出到编辑软件 Word 中去打印，就可以设计 XSL 样式单作相应转换，使得其具有 Word 文档的效果；在有其他的形式同样可以作转换，而 XML 文档本身是保持不变的。这种数据与样式分离的设计，不仅大大提高了 XML 的利用率，而且提高了 XML 的数据容量和质量，大大方便了数据的操作。

众所周知，在 HTML 中，大部分标记是用来排版的，如下面一段 HTML 代码所示：

```
<h1>教师资料</h1>
<table border="1" cellpadding="1">
    <tr>
        <td>姓名</td>
        <td>职称<td>
        <td>院系<td>
    </tr>
    <tr>
        <td>马东</td>
        <td>讲师<td>
        <td>生物系<td>
    </tr>
    <tr>
        <td>张秋歌</td>
        <td>教授<td>
        <td>艺术系<td>
    </tr>
</table>
```

这段代码在浏览器中显示的效果如图 1.8 所示。

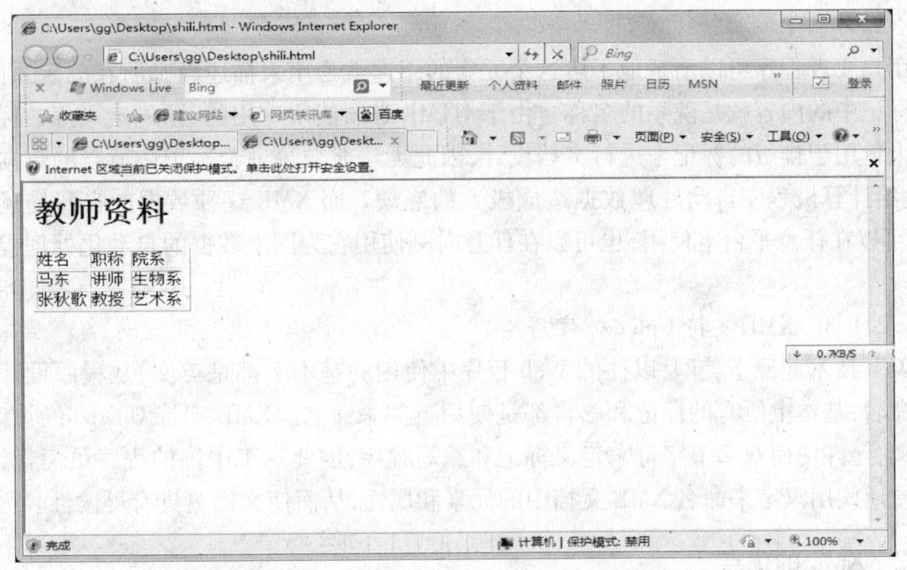

图 1.8 教师资料 HTML 格式效果

从图 1.8 可以看到,上面这么一大段代码实际展示的有用数据相当少。因此,作为存储数据的媒介,HTML 是不合适的,同样的数据使用 XML 来进行描述和存储要简洁得多,如下所示。

```
<? xml version ="1.0" encoding ="UTF-8"? >
<教师资料>
  <教师>
      <姓名>马东</姓名>
      <职称>讲师</职称>
      <院系>生物系</院系>
  </教师>
  <教师>
      <姓名>张秋歌</姓名>
      <职称>教授</职称>
      <院系>艺术系</院系>
  </教师>
</教师资料>
```

1.2.1.2 XML 数据具有自我描述性

XML 是一种元语言,本身就具有定义和说明数据的能力,不需要使用专门的标记符号进行元素和数据的描述,用户可以根据所要表达的数据内容自己定义标记的名称,而这些标记名称可以是对数据的准确说明,从而使得 XML 的数据具有了自我描述性。如上例中

```
<院系>艺术系</院系>
```

所示。

用户或者程序可以清楚地了解这个元素的用途就是用来描述教师所在的院系的,而元素标记中的内容就是院系的名称。由于 HTML 必须使用专用的、预先定义好的标记特别是大量用于排版的标记来进行文档设计,因此无法兼顾每一个标记中所含的数据的含义,这给计算机程序自动处理数据造成极大的麻烦。而 XML 这种数据的自我描述使得 XML 可以在任意平台上使用,也可以在任意时刻使用它为网上数据的自动化处理提供解决手段。

1.2.1.3 XML 支持 Unicode 字符集

Web 技术起源于美国,以往的 Web 程序中使用的基本上都是英文,从程序设计到元素的命名,基本上所有的标记和语言都是使用英文来命名。XML 支持 Unicode 所有的字符集,它允许使用双字节字符来定义标记和编写程序,因此对于中国的程序员而言,可以很方便地使用汉字来命名 XML 文档中的元素和属性,从而使文档更具有可读性。

1.2.2 XML 的优点

XML 给网络带来一股新的力量,使网络技术发生了巨大的变化。XML 使许多只利用 HTML 难以解决的任务变得简单,因为 XML 有如下优点:

1.2.2.1 数据重用

XML 被设计用来存贮数据、携带数据和交换数据,不是为了显示数据而设计。一个存储数据 XML 文档,可以被程序解析与操作,把里面的数据提取出来加以利用,也可以被放到数据库中,还可以通过网络传输到另外一台计算机上解析使用。这些数据可以在多种场合使用和调用。

1.2.2.2 数据和表示分离

XML 保持了用户界面和数据结构的分离。HTML 指定如何在浏览器中显示数据,而 XML 则定义数据内容。HTML 中使用标记告知浏览器数据的排版形式;而 XML 中,只使用标记来描述数据,如姓名、职称和院系。在 XML 技术中有专门的部分处理数据的显示,即"扩展样式语言(XSL)"和"层叠样式表(CSS)"。XML 把数据从表示和处理中分离出来,使用户可通过应用不同的样式表和应用程序,按照用户的愿望显示和处理数据。把数据从表示中分离出来,能够无缝集成众多来源的数据。

1.2.2.3 可扩展性

XML 是设计标记语言的元语言,而不是 HTML 这样只有固定的标记集的特定标记语言。用户可以自行设计标记是 XML 的活力所在,是 XML 可扩展性的技术保障。可扩展性是至关重要的,企业可以用 XML 为自己的特别应用设计自己的标记语言,甚至特定的行业可以一起来定义该领域的特定的标记语言,作为该领域信息共享与数据交换的基础。这方面的事例如无线标记语言(Wireless Markup Language, WML)、数学标记语言(Mathematical Markup Language, MML)、化学标记语言(Chemical Markup Language, CML)、音乐标记语言、矢量标记语言、人力资源标记语言、开放的金融交换标准等。也就是说用户可以在 XML 中定义无限的标记集。

1.2.2.4 语法自由性

在没有 XML 的时候,要想定义标记语言并推广利用它是极其困难的。一方面,如果制定了一个新的语言而期望它能生效,你需要把这个标准提交给相关组织,等待它接受并正式公布这个标准。经过几轮的评定、修改、再评定、再修改,到此标记语言终于成为一个正式标准的时候,可能几年的时间都已匆匆而过了。另一方面,为了让你的这套标记得到广泛应用,你必须为它配备相应的工具,并且还需要取得各个相关厂商的支持,这也有相当的难度。

现在有了 XML,用户终于可以自由地制定自己的标记语言,而不必担心官方机构、著名厂商的认可问题,XML 允许各种不同专业人士开发与自己领域相关的标记语言(成功的例子如上)。这就使得该领域的人士可以进行数据交换,而不必担心接收端的人是否有特定的软件来解析数据。

1.2.2.5 结构化集成数据

绝大多数软件建模过程都不可避免地存在选择数据模式的问题。XML 出现之前,描述和操作结构相对复杂的数据还是比较麻烦的。而且各个厂商各自为政,数据格式很不统一,数据的通用性也不强。使用 XML 之后,通过树形模型等技术,不但简化了复杂数据结构的描述和操作,一定程度上还改善了软件的互通性。

XML 适用于大型和复杂的文档,因为数据是结构化的,这不仅使用户可以指定已经定义了文档中的元素的词汇表,而且还可以指定元素之间的关系。例如,如果要将销售客户的地址一起放在 Web 页面上,这就需要有每个客户的电话号码和电子邮件地址。如果要向数据库中输入数据,可确保没有漏下的字段。当没有数据输入时还可提供一个默认值。XML 也提供客户端的包含机制,可以根据多种来源集成数据并将其作为一个文档来显示,并可以对数据进行组织、处理。

1.3 XML 的设计目标

定义 XML 的设计目标是为了保证在设计 XML 的过程中实现 XML 的优点。从 W3C 站点上面的正式规范中可得知 W3C 所述的 XML 的 10 个设计目标:

1.3.1 直接用于 Internet

如前所述,设计 XML 的应用场合主要是 Web 技术,所以在设计时为 Web 技术进行了量身定制。

1.3.2 支持各种应用程序

尽管 XML 的主要目的是通过服务器和浏览器程序在 Web 上传递信息,但是它还可以被其他类型的程序使用。例如作为一些应用软件的交换信息的载体,作为一些应用系统的配置文件等。

1.3.3 是 SGML 的子集

XML 和 HTML 都脱胎于 SGML,只是考虑问题的角度不同,一个侧重于定义数据,一个侧重于显示数据。于是 SGML 开发的软件工具可以很容易地用于 XML 中。

1.3.4 易于编制处理 XML 文档程序

如果希望 XML 有广泛的应用,编制处理 XML 文档程序简单是一个极为关键的要素。实际上,当初 W3C 从 SGML 中派生出 XML 的主要原因就是编写处理 SGML 的程序很笨重,通过删繁就简而产生了 XML。接下来的 6 个目标都是为了这个简单化服务的。

1.3.5 XML 中不确定性极少

XML 中可选特性的数目极少,使得编写处理 XML 文档的程序更容易。正因为 SGML 中有大量冗余的可选特性,所以对于定义 Web 文档来说不实用。可选的 SGML 特性包括重定义标签中的界定符。当处理程序知道元素结束的位置时,处理程序会忽略结束标签。于是一个处理 SGML 文档的程序应该考虑所有的可选特性,即使这些特性很少使用。这样给程序员编写处理文档的程序加大了复杂性,因此,在 XML 中可选特性的数目应该尽可能地少,最理想的情况是不确定性为零。

1.3.6 XML 文档可读性好并且相当清晰

XML 被设计为混合语,以便在用户和程序之间交换信息。XML 的可读性可通过允许人们编写和阅读 XML 的文档来实现。这种便于人们阅读的特性使 XML 区别于大部分被数据库和字处理文档所使用的专用格式。

人们可以很容易地阅读 XML 文档,因为它是用纯文本编写的,而且具有类似树形的逻辑结构。用户可以通过为元素、属性和实体选择有意义的名字,并且增加有用的注释来增强 XML 文档的可读性。

1.3.7 形成 XML 设计标准

当然,只有当程序员和用户团体都采纳 XML 时,XML 才是一种可行的标准。因此,在某个团体开始采纳另一个标准之前,如果这个标准还需要完善,软件公司应该以最快的速度生成该标准,成功的标准有无线标记语言、数学标记语言等。

1.3.8 XML 的设计是精致和简洁的

XML 规范是用扩充的巴斯克范式记法(extended Backus - Naur form)编写的。这种正式的语言尽管看起来很难理解,但是由于解决了二义性问题,它更容易编写 XML 文档,而且也容易校核 XML 文档的语法规范。

1.3.9 XML 文档应该易于创建

欲使 XML 成为一种适于 Web 文档使用的标记语言,不仅要求 XML 的处理程序必须易于编写,而且要求 XML 文档本身必须易于创建。XML 文档由文本文件形成,任意一款纯文本的编辑器都可以用来形成 XML 文档;另外,还有一些集成开发环境可以使用;再有,可以从其他程序转换得到 XML 文档,现在越来越多的软件支持 XML 文档。

1. 3. 10　XML 标记的简洁性是最不重要的

标记名称是为了说明数据的,所以标记名称的简洁性相对于文档的可读性无关紧要。

1. 4　本课程知识体系

本课程知识体系如图 1. 9 所示。

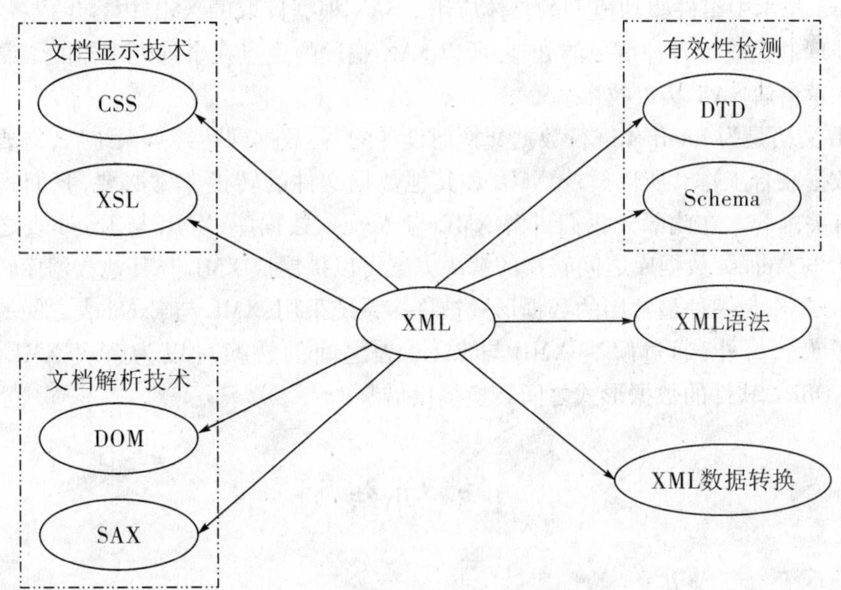

图 1. 9　本课程知识体系结构图

XML 的知识大致为如下部分:

(1)XML 语法。像许多其他语言一样,符合特定的语法规范是基本要求。涉及的内容如文档的结构、名称规则、元素规则、属性规则、实体引用、名称空间等,我们将在第二章讲解。

(2)XML 有效性。XML 文档表现的是数据信息,在满足语法的前提下必须要满足一定的数据关系的约束。在 XML 技术中提供了两种技术,即 DTD 和 Schema。DTD 技术使用不同于 XML 的语法书写文档,规定 XML 中元素及属性的各种约束,我们将在第三章讲解 DTD。Schema 是使用 XML 语法书写的对另一个 XML 文档的元素和属性进行约束的 XML 文档,是 XML 在有效性技术上的一个应用,具有开放性好、支持名称空间等特点。我们将在第四章讲解 Schema。

(3)XML 显示技术。在设计 XML 时,注重了数据本质、含义、数据结构的表达。数据的显示被单独开列出来,即数据表达和数据显示分开。在 XML 技术中对数据显示提供了两种技术,即 CSS 和 XSL。CSS 是早于 XML 出现的技术,用于 HTML 的样式设置,被 XML 借用过来,我们将在第五章讲解 CSS。XSL 是 XML 专用的样式设置技术,本身是一个规范的 XML 文档,有一些 CSS 所不具备的优势。比如,可以对数据进行处理,可以根据需要将 XML 文档转换成各种格式的文件。我们将在第六章讲解 XSL。

(4)XML 文档解析技术。设计 XML 的主要动力是网络数据的编程化、自动化处理,所以利用编程语言对 XML 文档进行解析就具有重要意义。为了统一对 XML 解析的方法,W3C 组织定义了文档对象模型(Document Object Model , DOM)。DOM 只是定义了接口规范,并没有具体地实现,各种支持 DOM 的技术都可以实现之。编程人员要使用某种技术作 DOM 解析时,先要做技术绑定。利用 DOM 进行 XML 解析时,操作方法明晰、程序易理解。我们将在第七章讲解 DOM 接口技术。另一种极为流行的解析技术是 SAX。SAX 不属于任何标准化组织,它是一个事实标准。SAX 最主要的特征是事件驱动,是 Java 技术中事件驱动模型的具体应用。SAX 根据读取的 XML 内容生成各种事件,由事件处理器完成对各种情况的处理,所以 SAX 编程的重点在事件处理器的编制。我们将在第八章讲解 SAX 接口技术。

XML 文档是为 Internet 进行数据交换而设计的,在数据到达终点系统后,需要和多种多样的数据联合工作。所以解决 XML 和其他数据文件的转换非常必要,我们将在第九章讲解有关内容。在此部分我们讲解 XML 与 Access 数据库、XML 与 Excel 表之间的转换。XML 与 Access 数据库之间转换的解决方案可以扩展成 XML 与其他数据库转换的方法。Excel 表作为一种最常用的数据形式被许多系统采用,XML 与 Excel 表之间的转换也就意义重大。另外,通过解决 XML 与 Excel 表之间的转换可以为解决 XML 与其他 Microsoft Office 软件的数据形式之间转换提供借鉴。

1.5 小结

本章我们讨论了 XML 的发展史、XML 的优点和设计目标,最后我们把本课程的所有知识点组成一个有机整体。

❄ XML 的发展过程。理解何为标记,进而理顺标记语言的产生。依次介绍 RTF 标记语言、HTML 标记语言、标准通用标记语言到可扩展的标记语言以及 SGML、HTML 和 XML 之间的关系。

❄ XML 的优点。和 HTML 比较,XML 的突出之处是以数据为中心,数据和表示相分离,用户可以自定义标记,语法规范严谨,表达数据具有自我描述的能力,XML 支持 Unicode 字符集。

❄ XML 设计的目标。W3C 网站上对 XML 设计的目标有明确的介绍,本部分内容正是由此而来。

❄ 知识体系介绍。作者认为要想学好一门课,理清各知识点在整个知识体系中的作用极为重要。本章将各知识点串接起来。

习题1

1. SGML、HTML 和 XML 之间的关系如何?
2. 请登录 http://www.w3c.org 网站,取得对 XML 的一般了解。
3. 简述 XML 的设计目标。
4. 简述 XML 的特点和优点。

第二章 XML 语法基础

主要内容

- ▶ XML 工具
- ▶ XML 基本结构及语法规则
- ▶ XML 声明
- ▶ 标记
- ▶ 属性
- ▶ CDATA 段
- ▶ 处理指令
- ▶ 名称空间

难点

- ▶ 名称空间

XML 文件与 HTML 一样都是由标记及其内容构成的文本文件,但 XML 文件是元语言,其标记可以自定义。使用 XML 文件的目的是更好地体现数据的结构与含义。但是,XML 文件也必须符合一定的语法规则,只有符合这些语法规则的 XML 文件才认为是规范的 XML 文件,才可以被 XML 解析器解析,以便进一步利用其中的数据。本章主要讲解 XML 的语法规则。

2.1 XML 工具

XML 与 HTML 一样都是可用于 Internet 上和 Web 页面内部的文档格式,但是 XML 具有更为广泛的适用性,它可用于文字处理器的保存文件的格式,还可用于不同程序间的数据交换格式。

和其他的数据格式一样,XML 在使用前也需要程序和内容。仅仅了解 XML 本身还不够,还需要了解 XML 如何编辑、处理,如何读取及读取的信息如何传输给应用程序,以及应用程序是如何处理数据的。

一个 XML 文档的整个处理过程是:首先由一个编辑工具创建 XML 文档,然后用语法分析工具对 XML 文档结构及内容进行解析,并将处理结果传输给浏览器,最后由浏览器显示出来。

2.1.1 XML 编辑工具

如其他语言一样,XML 在编辑和运行时也需要相应的开发环境及工具。XML 编辑工具可以分为两大类。

2.1.1.1 普通编辑工具

普通编辑工具是最基本的文本编辑器,它们并不能真正理解 XML,但却是最简单有用的工具。

(1)Windows 记事本

在该环境中编辑 XML 文档非常简单,只需注意保存时文件的扩展名设为.xml,并且注意保存的编码跟声明指令中的编码一致。

(2)写字板

写字板与 Windows 记事本类似,增加了一些简单文本编辑工具,同样不能检测 XML 文档的错误。

(3)Office 2003 组件

微软公司的 Office 2003 组件增强了对 XML 的支持,因此也可以使用 Word 文字处理程序以及 Frontpage 网页设计程序等进行 XML 文档的编辑。

2.1.1.2 专用编辑工具

编辑 XML 文档也可以用"所见即所得"的编辑器(也称结构化的编辑器),它可将 XML 文档显示为树状结构。常用的专用编辑工具有 XML Spy 等。

XML Spy 是由奥地利一家位于维也纳名叫"Altova"的软件公司开发的专业 XML 编辑工具。用户可以直接到官方网站(http://www.altova.com)中下载 XML Spy 最新版本,目前已有 XML Spy 2010 最新版。下载该软件,安装完成后,使用 XML Spy 2010 打开一个 XML 文档的操作界面,如图 2.1 所示。

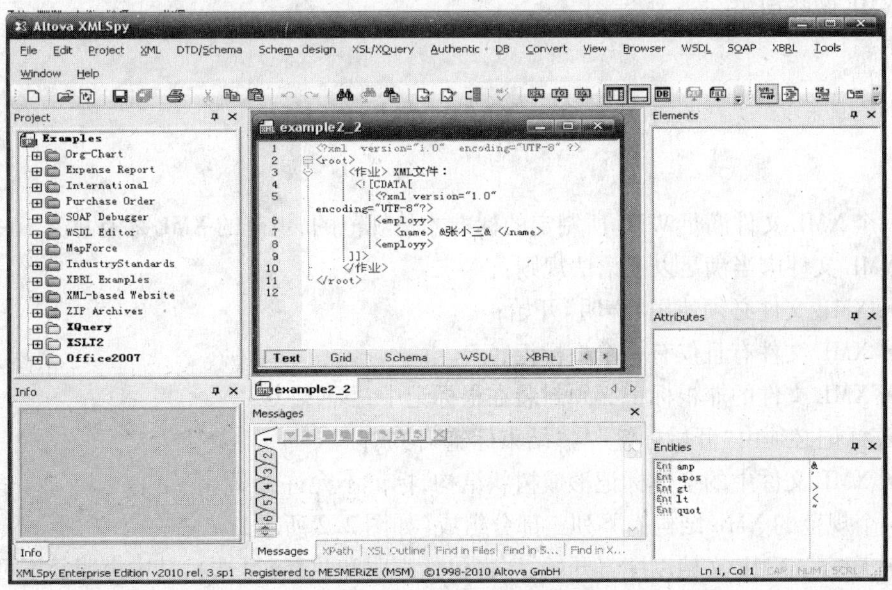

图 2.1 XML Spy 2010 操作界面

2.1.2 XML 解析工具

XML 解析工具也称为解析器(parser),或称为 XML 处理器。实质上,它是 XML 的语法分析程序,即所谓的 XML 处理程序,其主要功能就是读取 XML 文档并检查其文档结构是否完整、是否有结构上的错误,确定 XML 文档是否合法,即检查 XML 文档是否规范。

目前网络上有许多免费的 XML 文档解析工具,其中应用较多的是 Apache 的 Xerces 解析器以及微软公司的 MSXML 解析器。这两款解析器性能如表 2.1 所示。

表 2.1 常用的 XML 解析器性能

	Apache Xerces	Microsoft MSXML
文档良好格式的检查	支持	支持
文档有效性检查	支持	支持
XML Schema	支持	不支持
名称空间	支持	支持
XSL	支持	支持
DOM	完全支持	部分支持
SAX	完全支持	完全支持
是否开放源码	开放	不开放

2.1.3 XML 浏览工具

根据 XML 文档处理流程,最后语法分析程序会将 XML 文档结构传输给用户端应用程序。这个应用程序大多数情况下是浏览器,或是其他能够理解如何处理数据的程序。

当前支持 XML 的浏览器有 IE 5.0 以上版本、Mozilla、Netscape 等,它们都使用自行开发的 XML 解析引擎。

2.2 XML 文档结构

一个 XML 文件满足 W3C 所制定的标准才是规范的,规范的 XML 才有意义。一个规范的 XML 文件应当满足以下语法规则:

- XML 文件必须使用"声明"开始;
- XML 文件有且仅有一个根标记;
- XML 文件的非根标记必须封装在根标记中;
- 标记必须由"开始标签"与"结束标签"构成;
- XML 文件中的全体标记形成树状结构,标记不允许交叉。

一个规范的 XML 结构由下列三部分组成(如图 2.2 所示)。

- 序言。XML 文档以序言开始,序言包括声明和注释(可选),其中声明必不可少。
- 主体,主体由一个或多个元素组成。

▶ 尾部(可选)。尾部包括注释、处理指令和紧跟元素树后的空白。

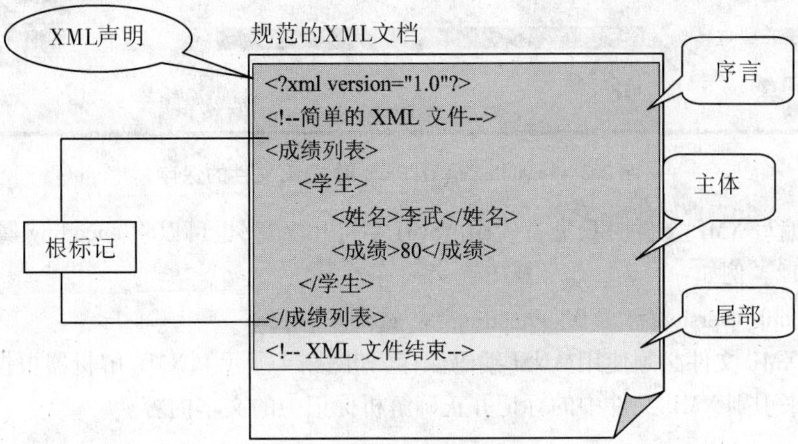

XML声明　　规范的XML文档　　序言　　主体　　根标记　　尾部

```
<?xml version="1.0"?>
<!--简单的 XML 文件-->
<成绩列表>
    <学生>
        <姓名>李武</姓名>
        <成绩>80</成绩>
    </学生>
</成绩列表>
<!-- XML 文件结束-->
```

图 2.2　XML 文档基本结构

2.3　XML 声明指令

一个规范的 XML 文档应当以 XML 声明作为文件的第一行,在其前面不能有任何内容包括空白、其他的处理指令或注释等。XML 声明格式如下。

< ? xml version = "1.0" encoding = "编码" standalone = "yes/no" ? >

W3C 在 XML 规范中建议每个 XML 文件都写出 XML 声明。

2.3.1　version 属性

version 属性不能省略并且在属性列表中排在第一位。一个简单的 XML 声明中可以只包含属性 version,目前该属性的值只可以取 1.0,指出该 XML 文件使用的 XML 版本。1.1 版本还没有正式公布,该版本仅仅增加了一些极少使用的功能。如果将 version 属性设置为 1.1,用浏览器(IE 6.0)打开 XML 文件时,将得到 XML 版本号设置错误的提示。

2.3.2　encoding 属性

encoding 属性是 XML 声明中可选的属性,该属性规定 XML 文件采用哪种字符集进行编码。在 XML 声明中可以不指定 encoding 属性的值,那么该属性采用默认值,即 UTF-8。例如:

< ? xml version = "1.0" encoding = "UTF-8" ? >

声明指定 encoding 属性的值是 UTF-8 编码。如果 XML 使用 UTF-8 编码,那么标志的名字以及标记包含的文本内容中就可以使用汉字、日文、英文等,XML 解析器就会识别标记的名字并正确解析标记中的文本内容。如果 encoding 属性的值为 UTF-8,XML 文件必须选择 UTF-8 编码来保存(如图 2.3 所示)。

图 2.3 encoding 是 UTF－8 时 XML 文件的保存

如果编写 XML 文件时只准备使用 ASCII 字符和汉字,也可以将 encoding 属性的值设置为 gb2312。例如:

< ? xml version = "1.0" encoding = " gb2312" ? >

这时 XML 文件必须使用 ANSI 编码保存(如图 2.4 所示),XML 解析器根据 encoding 属性的值来识别 XML 文件中的标记并正确解析标记中的文本内容。

文件名(N): example.xml 保存(S)
保存类型(T): 所有文件 取消
编码(E): ANSI

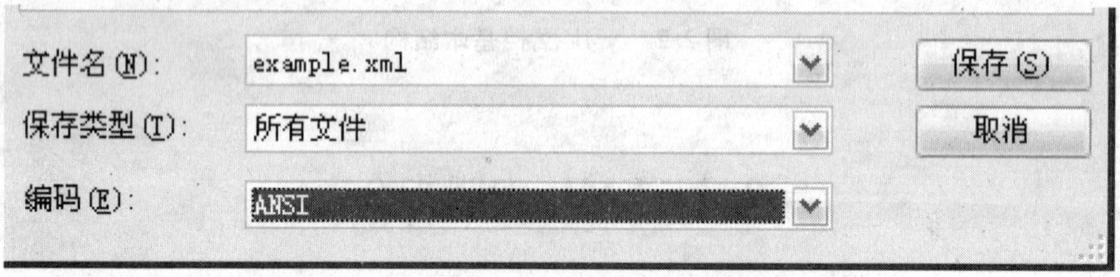

图 2.4 采用 ANSI 编码方式保存的 XML 文件

如果在编写 XML 文件时只准备使用 ASCII 字符,也可以将 encoding 属性的值设置为 ISO－8859－1。例如:

< ? xml version = "1.0" encoding = " ISO－8859－1" ? >

这时 XML 文件必须使用 ANSI 编码保存(如图 2.4 所示),XML 解析器根据 encoding 属性的值来识别 XML 文件中的标记并正确解析标记中的文本内容。

2.3.3 standalone 属性

在 XML 声明中可以指定 standalone 属性的值,该属性可以取值 yes 或 no,以说明 XML 文件是否是完全自包含的,即有没有引用外部"实体"。该属性的默认值是 no,实体引用将在第三章详细介绍。下列 XML 声明指定 standalone 属性的值为 yes。

< ? xml version = "1.0" encoding = "UTF－8" standalone = "yes" ? >

2.4 标记

XML 文档是基于文本的标记语言,标记是 XML 文档的最基本的组成部分。XML 文件中的标记分为非空标记和空标记两种。

2.4.1 非空标记

2.4.1.1 语法格式

非空标记必须由“开始标签”与“结束标签”构成，“开始标签”与“结束标签”之间是该标记的内容。

开始标签以“ < ”标识开始，以“ > ”标识结束，“ < ”标识与“ > ”标识之间是标记的名称和属性列表，根据非空标记是否含有属性，开始标签的语法格式分别为：

<标记的名称　属性列表>

或

<标记名称>

需要注意的是，在标识“ < ”和标识名之间不要含有空格，允许“ > ”的前面有空格或回车换行。

结束标签以“ </ ”标识开始，以“ > ”标识结束，“ </ ”标识与“ > ”标识之间是标记的名称。需要注意的是，在标识“ </ ”和标识名称之间不要含有空格，允许“ > ”的前面有空格或回车换行。

在标记的“开始标签”与“结束标签”之间是该标记所包含的内容，以下是一个正确的非空标记：

<student> 王永康 </student>

而下面是一个错误的非空标记（“ < ”和“name”之间有空格）：

<　　student> 王永康 </student>

2.4.1.2 非空标记的内容

在标记的“开始标签”与“结束标签”之间是该标记所包含的内容。一个标记所包含的内容可以由两部分构成：文本数据和标记，其中的标记称作该标记的子标记。

(1)只包含文本数据的标记

标记的内容为纯文本数据，在Schema模式中还可以定义标记内容的数据类型。如：

<姓名>张力</姓名>

其中，“姓名”是标记名称，“张力”为标记内容。一个标记的文本数据中可以有普通字符、CDATA段（参见2.7节内容）、字符引用和实体引用（参见2.6节）。

(2)只包含子标记的标记

标记的内容由其他标记所构成。在例2.1中，主体部分包含一个“学生列表”标记，该标记是根标记，“学生列表”标记包含两个“学生”子标记，每个“学生”标记又包含“姓名”、“年龄”、“性别”三个子标记。“学生列表”标记和“学生标记”都是只包含子标记的标记。例2.1的xml文档在浏览器中的显示效果如图2.5所示。

例2.1

example2-1.xml

```
<? xml version = "1.0"  encoding = "UTF-8"  ? >
<! --学生名单-- >
```

```
<学生列表>
  <学生>
    <姓名>张力</姓名>
    <年龄>19</年龄>
    <性别>男</性别>
  </学生>
  <学生>
    <姓名>王英</姓名>
    <年龄>20</年龄>
    <性别>女</性别>
  </学生>
</学生列表>
```

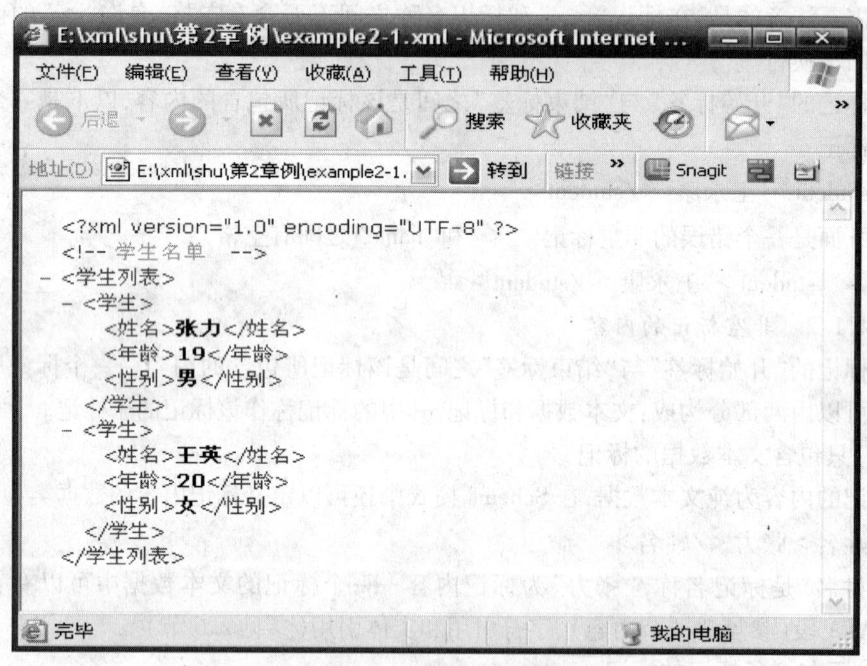

图 2.5 例 2.1 的 XML 文档在浏览器中的显示效果

(3)既包含子标记又包含文本数据的标记

标记的内容既有其他标记，又有文本内容。例如：

```
<电影>关云长
  <主演>甄子丹、姜文、孙俪等</主演>
</电影>
```

其中“电影”标记的内容就是混合内容，既包含文本数据“关云长”，又包含子标记“主演”标记。

2.4.1.3 作用

非空标记包含的内容中既可以有文本数据也可以有子标记,当需要用“整体 - 部分”关系来描述数据时,就可以使用非空标记,例如,准备让“学生”和“姓名”、“学号”之间是“整体 - 部分”关系,那么就可以让“姓名”、“学号”是“学生”的子标记,以此表示“学生”和“姓名”、“学号”之间是“整体 - 部分”关系,即 XML 文件中可以有如下结构的标记:

```
<学生>
    <姓名>张三</姓名>
    <学号>A1001</学号>
</学生>
```

当需要使用文本来描述一个数据时,也需要使用非空标记,例如:

```
<价格>129 元</价格>
<ISBN>7-675-32591-2</ISBN>
```

XML 解析器既关心非空标记包含的子标记,也关心它所包含的文本内容,并可以解析出它包含的子标记和文本内容。

需要特别注意的是,下列标记

```
<speak></speak>
```

是不包含任何内容的非空标记,或者说是含有“\0”的非空标记(\0 是空字符),而

```
<speak/>
```

才是真正的空标记。

2.4.2 空标记

2.4.2.1 语法格式

空标记就是不含有任何内容的标记。由于空标记不含有任何内容,所以空标记不需要开始标签和结束标签,空标记以“<”标识开始,以“/>”标识结束,根据空标记是否含有属性,空标记的语法格式分别为:

```
<空标记的名称  属性列表/>
```

或

```
<空标记的名称/>
```

以下是两个空标记:

```
<door  high="200"  width="90"  color="红色" />
<door />
```

需要注意的是,在标识“<”和标记名称之间不要含有空格,以下都是错误的空标记:

```
<    door  high="200"  width="90"  color="红色" />
<    door />
```

在标识“/>”的前面可以有空格或回车换行。

2.4.2.2 作用

由于空标记不包含任何内容,因此在实际编写 XML 文件时,空标记的名称主要用于

抽象带有属性的数据，该数据本身并不需要用具体文本进行描述。对于空标记，XML 解析器主要关心的是其属性并解析出这些属性的值。

2.4.3 标记的规则

标记必须满足一定的规则，其规则如下：

2.4.3.1 标记名称必须规范

标记名称可以由字母、数字、下划线（"_"）、点（"."）或连字符（"-"）组成，但必须以字母或下划线开头。中间不允许有空格。如果 XML 文件使用 UTF-8 编码，字母不仅包含通常的拉丁字母 a、b、c 等，也包括汉字、日文片假名、平假名、朝鲜文以及其他许多语言中的文字。例如 <name>、<学生>、<_student>、<学生_student>等都是规范的标记名称。

2.4.3.2 标记必须成对出现

每一个非空标记必须有开始标签和结束标签，例如 <name>张三丰</name>；空标记可以"<"开始，以"/>"结束，例如 <student name="张三丰"/>。

2.4.3.3 标记大小写敏感

XML 标记区分大小写，开始标签与结束标签中的标记名称要求完全一致。例如标记 <name>和 <Name>就是两个不同的标记。

2.4.4 根标记

XML 文件必须有且仅有一个根标记，其他标记都必须封装在根标记中。XML 文件中的全体标记必须形成树状结构。以下是一个不规范的 XML 文件，标记未形成树状结构。"姓名"标记的结束标签与"出生日期"标记的开始标签之间形成了交叉。

```
<root>
    <name>张三
    <birthday>
    </name>
        1989年11月11日
    </birthday>
</root>
```

2.5 属性

在有些情况下，可能需要将某些额外的说明信息附加于标记上，而这些信息与标记本身包含的信息内容有所不同，这样我们可以采用属性实现。属性是指标记的属性，为标记添加附加信息。

2.5.1 属性的构成

属性是一个“名 = 值”形式，即属性必须由名字和值组成。属性必须在非空标记的开始标签或空标记中声明，用“ = ”为属性指定一个值。语法如下：

<标记名称 属性列表>… </标记名称>

<标记名称 属性列表/>

例如：

<desk width = “300” height = “600” length = “1000”> 办公专用桌 </desk>

<desk color = “red” />

属性名字的命名规则和标记的命名规则相同，可以由字母、数字、下划线（“_”）、点（“.”）或连字符（“ - ”）等组成，但必须以字母或下划线开头。

属性的名字区分大小写。

属性值必须用单引号或双引号括起来，例如：“red”、‘red’。如果属性值需要包含左尖括号“ < ”、右尖括号“ > ”、与符号“&”、单引号“ ' ”或双引号“ " ”，就必须使用字符引用或实体引用（参见下一节内容）。

2.5.2 属性转换

属性是标记数据的附加信息，可用来描述标记的一些特性。因此有时存储在子标记中的数据也可以存储在属性中，即子标记和属性可进行转换。

通过例 2.2 和例 2.3 比较，可以看出两个例子所描述的信息是相同的，只是表达形式不同，何时使用属性，何时使用子标记并没有特定的规则，需要根据具体执行环境和需求来决定使用哪种表示方式。

例 2.2

```
<? xml version = "1.0" encoding = "UTF - 8" ? >
<联想电脑>
    <电脑>
        <型号>F618</型号>
        <CPU>AMDAthlon II X4 四核处理器 645</CPU>
        <硬盘>500G7200 转</硬盘>
        <内存>2G</内存>
        <价格>4598</价格>
    </电脑>
</联想电脑>
```

例 2.3

```
<? xml version = "1.0" encoding = "UTF - 8" ? >
<联想电脑>
```

<电脑 型号 = " F618" CPU = " AMDAthlon II X4 四核处理器 645" 硬盘 = "500G7200 转" 内存 = "2G" 价格 = "4598"/>

</联想电脑>

2.5.3 使用属性的原则

属性不体现数据的结构，只是数据的附加信息。一个信息是否作为一个标记的属性或作为该标记的子标记，这取决于具体的问题。一个基本的原则：不要因为属性的频繁使用破坏 XML 的数据结构。

2.6 特殊字符

XML 有 5 种字符属于特殊字符：左尖括号“<”、右尖括号“>”、与符号“&”、单引号“'”和双引号“"”。对于这些特殊的字符，XML 有特殊的用途，比如标记的标签中使用左、右尖括号等。标记的内容可以由两部分构成：文本数据和标记。按着 W3C 制定的规范，文本数据中不可以含有这些特殊的字符，下列标记中的文本内容是非法的：

<name>张力 & 张晓明</name>

要想在文本数据中使用这些特殊字符，必须通过实体引用（有关实体的引用将在第三章详细讲解）来替代。XML 有 5 种预定义实体，它们的实体引用格式如下：

▶ <引用左尖括号“<”。

▶ >引用右尖括号“>”。

▶ '引用单引号“'”。

▶ "引用双引号“"”。

▶ &引用与符号“&”。

解析器在解析标记中的数据时，实体引用将被替换为实体引用所代表的实际内容，例如，“&”被替换为字符：“&”。

下列标记中的文本内容是合法的：

<name>张力 &张晓明</name>

解析器解析出该标记的文本数据是：

张力 & 张晓明

2.7 CDATA 段

当 XML 标记被解析的时候，XML 标记的内容会被解析。只有在 CDATA 段之内的文本才能被解析器忽略。

前面一节中提到标记内容中的文本数据不可以含有左尖括号、右尖括号、与符号、单引号和双引号这些特殊字符，如果想使用这些字符，办法之一就是通过使用这些字符的引用。另一个办法就是使用 CDATA（Character Data）段，特别是需要许多这样的字符时，文本数据就会出现很多实体引用或字符引用，导致文本数据的阅读变得困难，使用 CDATA

段就能很好地解决这一问题。

CDATA 段的格式如下：

```
<![CDATA[…]]>
```

其中,用“<![CDATA[”作为段的开始,用“]]>”作为段的结束,段开始和段结束之间称为 CDATA 段的内容,解析器不对 CDATA 段的内容分析处理,因此,CDATA 段中的内容可以包含任意的字符。例 2.4 中使用 CDATA 段,其显示效果如图 2.6 所示。

例 2.4

```
<? xml version = "1.0" encoding = "UTF-8" ?>
<学生列表>
    <学生>
        <姓名>张力</姓名>
        <年龄>21</年龄>
        <身高>175cm</身高>
    </学生>
<![CDATA[
    这是一个简单的 CDATA 段
    张力 & 张晓明
    <你好>
]]>
</学生列表>
```

注意:CDATA 段中不可以嵌套另一个 CDATA 段;CDATA 段的开始标识“<![CDATA[”以及结束标识“]]>”中不可以有空格字符。必须把 CDATA 段的开始记号“<![CDATA[”全部大写。

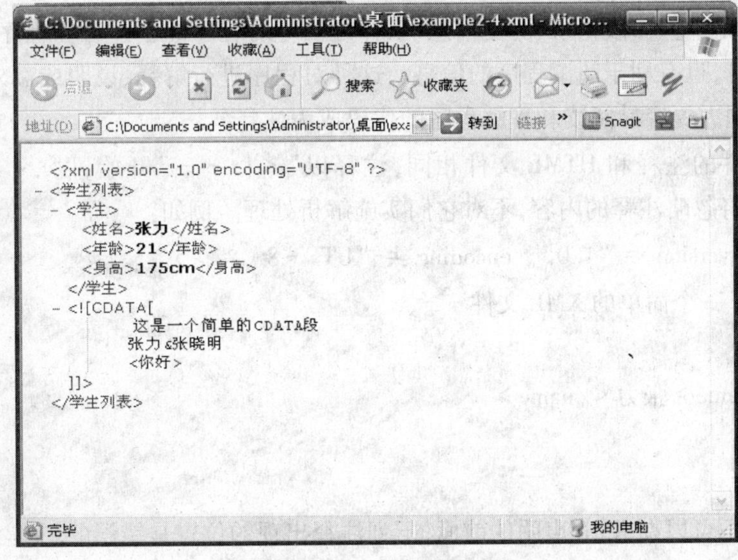

图 2.6　CDATA 段包含的文本

2.8 XML 文档的处理指令

处理指令(Processing Instruction,PI)的目的是给 XML 解析器提供信息,使其能够正确解析文档的内容,它的起始标识是“ <?”,结束标识是“? >”。其语法格式如下:

<? 目标名 处理指令信息? >

XML 声明是一个特殊的处理指令,如 <? xml version = ”1.0”? >,目标名称“xml”,处理指令信息“version = ”1.0””,告诉解析器该 XML 文档的相关信息,例如版本号等信息。

再例如下面一条处理指令:

<? xml - stylesheet href = "one - XSL. xsl" type = "text/xsl" ? >

其中以“ <?”开始,以“? >”结束,表明是一条处理指令,包含的信息如下:

▶ xml - stylesheet 目标名称,表示用于格式化该 XML 文档使用的样式表文件;

▶ href = "one - XSL. xsl" 处理指令信息,表示所使用的样式表文件的路径,这里为相对路径。

▶ type = "text/xsl" 处理指令信息,表示所使用的样式表为 XSL 样式表(可扩展样式表)。

2.9 XML 文档的注释

程序员在写程序的时候往往希望能在程序中加入一些信息,这些信息不是程序本身的数据,可能是一些修改记录、历史信息、解释说明等对程序的创建者和程序编辑者有特殊意义的信息,也有利于阅读程序的信息。这种对程序进行解释、说明或额外补充,能让用户自己和别人更容易阅读和理解程序的代码成为注释。

XML 文件的注释和 HTML 文件相同,注释以“<! - -”开始,以“- - >”结束,XML 解析器将忽略注释的内容,不对它们实施解析处理。例如:

```
<? xml version = “1.0” encoding = “UTF - 8” ? >
<! - -一个简单的 XML 文件 - - >
<root >
    <name >张力 </name >
</root >
```

注意:

▶ 注释不可以在 XML 声明的前面,下列注释出现的位置是错误的。

<! - -简单的 XML 文件 - ->

```
<? xml version = "1.0" encoding = "UTF-8" ? >
<root >
    <name >张力 </name >
</root >
```

▶ 注释不能放在标记中,下面注释出现的位置是错误的。

```
<? xml version = "1.0" encoding = "UTF-8" ? >
<root <! - -简单的 XML 文件 - - > >
    <name >张力 </name >
</root >
```

▶ 注释不允许嵌套,下面注释出现的位置是错误的。

```
<? xml version = "1.0" encoding = "UTF-8" ? >
<root >
<! - -
    <name >张力 </name >
    <! - -简单的 XML 文件 - - >
    - - >
</root >
```

2.10　名称空间

XML 文档允许自定义标记,那么不同的 XML 文档中以及同一个 XML 文档中就可能出现名字相同的标记。如果想区分这些标记,就需要使用名称空间。名称空间的目的是有效地区分名字相同的标记:当两个标记的名字相同时,它们可以通过隶属不同的名称空间来相互区分。

首先来看一个简单的例子。例 2.5 的 XML 文档 example2 - 5. xml 中,有两个标记的名字相同都是“王林”。如果解析器在解析 XML 文件中的数据时,只想解析出其中一个标记中的数据,就无法通过标记的名称来区分这两个标记,因此当出现名称相同的标记时,如果希望加以区分,XML 文件中就可以使用名称空间来区分这样的标记,以便解析器能区分这些名称相同的标记。

例 2. 5

example2 - 5. xml

```
<? xml version = "1.0" encoding = "UTF-8" ? >
<学生列表 >
    <王林 >2009 年入学,获得二等奖学金两次 </王林 >
```

<王林>2010 年入学，获得一等奖学金一次</王林>

</学生列表>

XML 可以通过使用名称空间来区分名字相同的标记，也可以用于组合相同类型或功能的 XML 数据。名称空间由前缀和本地部分组成，中间用冒号分隔。名称空间的格式如下：

xmlns:prefix = "URI"

其中，xmlns 是必须有的属性；prefix 是名称空间的前缀或者别名，可以选择；URI 是名称空间的名字，大多数情况下，借用物理资源名。名称空间分为有前缀名称空间和无前缀名称空间，下面详细讲解。

2.10.1 有前缀和无前缀的名称空间

有前缀的名称空间的声明语法如下：

xmlns:前缀 = 名称空间的名字

例如：

xmlns:person = "http://www.china.cm"

声明了一个名字为"http://www.china.cm"的名称空间，其别名或者前缀为"person"。

无前缀的名称空间声明语法如下：

xmlns = 名称空间的名字

例如：

xmlns = "http://www.yahoo.cn"

声明了一个不带前缀的名称空间，其名字是"http://www.yahoo.cn"。

注意：在声明名称空间时，xmlns 与":"以及":"与名称空间的前缀之间不要有空格。

看两个名称空间是否相同，只需检查所声明的名称空间的名字是否相同即可。也就是说，对于有前缀的名称空间，如果两个名称空间的名字不相同，即使它们的前缀相同，也是不同的名称空间；如果两个名称空间的名字相同，即使它们的前缀不相同，也是相同的名称空间。名称空间的前缀仅仅为了方便地引用名称空间而已，不能用于区分名称空间是否相同。

下面是两个是不同的名称空间：

xmls:north = "http://www.liaoning.com"

xmls:north = "http://www.Liaoning.com"

下面是两个相同的名称空间(名称为 apple)

xmls:hello = "http://www.apple.com"

xmls:ok = "http://www.apple.com"

注意："http://www.liaoning.com"和"http://www.Liaoning.com"是不同的名字，因为名字区分大小写。

2.10.2　标记中声明名称空间

名称空间的声明必须在标记的“开始标签”中，而且名称空间的声明必须放在开始标签中标记名字的后面，例如：

```
<王林  xmlns : pl ="http://www.liaoning.com">
    2009 年入学
</王林>
```

2.10.3　名称空间的作用域

一个标记如果使用了名称空间，那么该名称空间的作用域是该标记及其所有的子孙标记。

如果一个标记中声明的是有前缀的名称空间，必须通过名称空间的前缀引用这个名称空间，才能使得该标记隶属于这个名称空间。一个标记通过在标记名字的前面添加名称空间的前缀和冒号来引用名称空间（前缀、冒号和标记名字之间不要有空格），表明此标记隶属该名称空间。

例 2.6 中，example2－6.xml 中有两个标记的名字都是“王林”，有两个标记的名字都是“王小林”，但是通过使用名称空间，让一个“王林”和“王小林”隶属名字为“http://www.liaoning.com”的名称空间，让另一个“王林”和“王小林”隶属名字为“http://www.beijing.com”的名称空间。

例 2.6

```
<? xml  version = "1.0"   encoding = "UTF-8" ?>
<people>
    <p1:王林 xmlns:p1 = "http://www.liaoning.com">
        2009 年入学，他有一个弟弟叫王小林。
        <p1:王小林>
            在高中读书
        </p1:王小林>
    </p1:王林>
    <p2:王林 xmlns:p2 = "http://www.beijing.com">
        2010 年入学，他有一个弟弟叫王小林。
        <p2:王小林>
            在初中读书
        </p2:王小林>
    </p2:王林>
</people>
```

2.10.4 名称空间的名字

使用名称空间的目的是有效地区分名字相同的标记，这就涉及怎样区分名称空间的名字。W3C 推荐使用统一资源标识符（Uniform Resource Identifier，URI）作为名称空间的名字。URI 是用来标识资源的一个字符串。一个 URI 可以是一个 E－mail 地址、一个文件的绝对路径、一个 Internet 主机的域名等。例如：

"http://www.stamp.com"

"c:\\document\\mybook\\java\\hello.txt"

"www.yahoo.com"

需要注意的是，在 XML 中，那个 URI 不必是有效的（不必真实地存在这样的资源），XML 使用 URI 仅仅是为了区分名称空间的名字而已。在实际中，大多数 URI 实际上就用统一资源定位符（Uniform Resource Identifier，URI）。例如：

xmlns ="www.yahoo.com"

xmlns:p ="http://www.yahoo.com"

在浏览器的地址中输入 www.yahoo.com 或 http://www.yahoo.com，访问的是同一网页，但是，在 XML 中，www.yahoo.com 和 http://www.yahoo.com 是完全不同的名称空间，因为二者是不同的字符串。另外，如果在浏览器的地址栏中输入 www.aaabbbccc.com，可能会得到"404 File not Found"的错误提示，但在 XML 中，"www.aaabbbccc.com"可以作为名称空间的名字，因为在 XML 中一个 URI 不必是有效的，也就是说它不必指向一个真实的资源。

在编写 XML 文件时，可以使用本公司注册的域名作为名称空间的名字的一部分，例如 www.tsinghua.edu.cn/2009/group。

2.11 XML 实例

例 2.7 的 XML 文档 exmple 2－7.xml 是一个规范的 XML 文件。规范的 XML 文档要符合规范规则。exmple 2－7.xml 中前两行是序言部分，包括第一行的文档声明和第二行的注释；exmple 2－7.xml 中最后一行是文档的尾部，包括最后一行的注释；exmple 2－7.xml 文档中间部分是主体部分，由根标记和其子孙标记组成。exmple 2－7.xml 运行结果如图 2.7 所示。

例 2.7

exmple 2－7.xml

```
<? xml version = "1.0"  encoding = "UTF-8"  ? >
<!  - -  File Name: example2 -6.xml - - >
<影片列表 xmlns = "www.wuxia.com"  xmlns:hs = "www.heshui.com"
```

```
    xmlns:zz = "www.zhanzheng.com" xmlns:dz = "www.dongzuo.com" >
  <影片 类别 = "武侠" >英雄
    <主演>李连杰、梁朝伟、张曼玉</主演>
    <导演>张艺谋</导演>
    <片长>135 分钟</片长>
    <出品>新画面影业</出品>
    <剧情>战国末期,赵国有三个名震天下的侠客,他们是:"长空"、"残剑"、"飞雪"。因为它们,秦王十年里没有睡过一个安稳觉。可是……</剧情>
  </影片>
  <hs:影片 类别 = "贺岁" >手机
    <hs:主演>葛优、徐帆</hs:主演>
    <hs:导演>冯小刚</hs:导演>
    <hs:片长>108 分钟</hs:片长>
    <hs:出品>中凯文化</hs:出品>
  </hs:影片>
  <zz:影片 类别 = "战争" >太行山上
    <zz:主演>王五福、梁家辉、刘德凯</zz:主演>
    <zz:导演>韦廉、沈东</zz:导演>
    <zz:片长>128 分钟</zz:片长>
    <zz:出品>八一电影制片厂</zz:出品>
    <zz:剧情>抗日战争时期,朱总司令奉命率领八路军三个主力师东渡黄河,开辟太行山根据地……</zz:剧情>
  </zz:影片>
  <dz:影片 类别 = "动作" >霍元甲
    <dz:主演>李连杰</dz:主演>
    <dz:导演>于仁泰</dz:导演>
    <dz:片长>90 分钟</dz:片长>
    <dz:剧情>影片从霍元甲儿时写起,在少年好友的帮助下,偷习武艺,立下做"津门第一"的志愿……</dz:剧情>
  </dz:影片>
</影片列表>
<! --文档结束-->
```

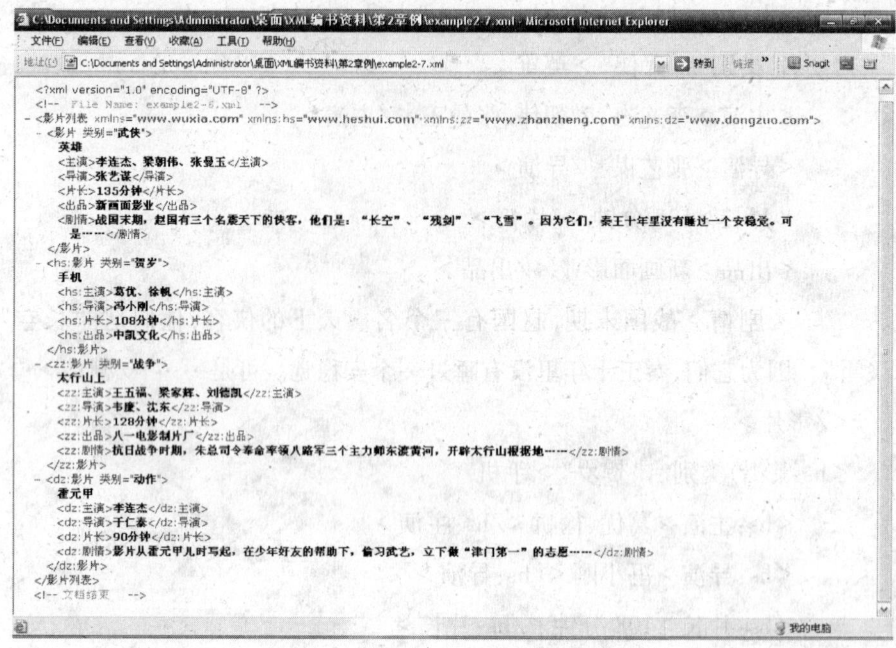

图 2.7 exmple2 -7. xml 运行结果

2.12 实训

实训目的：

▶ 掌握 XML 的基本结构；

▶ 掌握 XML 的语法规则；

▶ 掌握 XML 属性的应用；

▶ 掌握名称空间的使用。

实训内容：

建立一个班级学生信息的 XML 文档，并在文档中使用名称空间。

实训具体要求：

(1) XML 文档根标记为“学生列表”。

(2)“学生列表”标记可以包含至少 5 个“学生”标记。

(3)每个“学生”标记可以包含“学号”、“姓名”、“性别”、“年龄”、“专业”、“联系方式”等信息。

2.13　小结

本章主要介绍了 XML 文档的基本结构、语法规则等内容。通过本章的学习,读者应该掌握如何创建一个规范的 XML 文档,如 XML 声明、注释、标记的使用,如何定义属性、如何使用名称空间等内容。

习题 2

一、选择题

1. 以下选项中符合工业标准的 XML 专业开发工具的有(　　)。

A. XML spy　B. MSXSL　C. windows 记事本　D. WORD 编辑工具

2. 以下是规范的 XML 标记名称的有(　　)。

A. bookinfo3　B. 3bookinfo　C. book - info3　D. book info3

3. 目前浏览器所支持的 XML 版本是(　　)。

A. 1.0　B. 1.1　C. 2.0　D. 3.0

4. XML 文档默认的编码方式是(　　)。

A. ASCII　B. Unicode　C. UTF - 16　D. UTF - 8

5. 实体引用符 '代表的是下列哪个特殊符号?(　　)

A. <　B. >　C. ‘　D. “

6. XML 声明语句:<? xml version = "1.0" ________ = "UTF - 8"? >

A. standalone　B. encoding　C. encording　D. cording

二、简答题

1. 简述 XML 命名空间的作用。

2. 下面给出的标记及其子标记,应该如何把子标记转换成该标记的属性?

```
<长方体>
    <长>1200mm</长>
    <宽>630mm</宽>
    <高>700mm</高>
</长方体>
```

3. 下列 XML 文件中各个标记的文本内容是什么?

```
<? xml version = "1.0"  ? >
<root>
    <M1>
```

```
        &lt;你好 &gt;
    </M1 >
    < M2 >
        孔子有云 &quot;有朋自远方来,不亦乐乎 &quot;
    </M2 >
</root >
```

4.使用 CDATA 段的好处是什么？下列哪些是正确的 CDATA 段？说明原因。

(A)

```
<! [CDATA[
    & 您好 &
]] >
```

(B)

```
<! [CDATA
[
[
    "您好"
]] >
```

(C)

```
<! [CDATA[
    "您好"
    <! [CDATA[
    "注意"
    ]] >
]] >
```

(D)

```
<! [CDATA[
    "注意"
] >
```

(E)

```
<! [CDATA[
    "这样是否可以"
    <! CDATA[
    "注意"
]] >
```

5. 请说出下列 XML 文件 temp. xml 中根标记的子孙标记所在的名称空间的名字。

temp. xml

```
<? xml version = "1.0"   ? >
<root >
     <c1:计算机 xmlns:p1 = "www. china. com" >
         IBM 品牌的计算机
         <c1:显示器 >
           IBM 品牌的显示器
         </c1:显示器 >
     </c1:计算机 >
     <c1:空调 xmlns:c1 = "www. haier. cn" >
         我是海尔品牌的空调
         <机箱 xmlns = "www. aiguozhe. cn" >
             爱国者品牌
         </机箱 >
     </c1:空调 >
</root >
```

第三章 文档类型定义——DTD

主要内容

- ▶ DTD 中的元素
- ▶ DTD 中的属性
- ▶ 内部 DTD
- ▶ 外部 DTD
- ▶ DTD 中的一般实体定义与引用
- ▶ DTD 中的参数实体定义与引用
- ▶ XML 文档有效性

难点

- ▶ DTD 中的属性
- ▶ DTD 中实体定义与引用

3.1 DTD 概述

DTD(Document Type Definition)是一套关于标记符的语法规则。它是 XML1.0 版规格的一部分,是 XML 文件的验证机制,属于 XML 文件组成的一部分。DTD 是一种保证 XML 文档格式正确的有效方法,可通过比较 XML 文档和 DTD 文件来看文档是否符合规范,元素和标签使用是否正确。XML 文件提供应用程序一个数据交换的格式,DTD 则让 XML 文件能成为数据交换标准,因为不同的公司只需定义好标准 DTD,各公司都能依 DTD 建立 XML 文件,并且进行验证,如此就可以轻松建立标准和交换数据,从而达到网络共享和数据交互的目的。

3.1.1 通过 DTD 验证文档有效性

某公司的两个数据操作员分别为两份产品的合同编写 XML 文件。

(1)操作员 A 所提供的 XML 文档:

```
<? xml version = "1.0" encoding = "UTF -8"? >
<contract >
    <contract_id >9527 </contract_id >
    <merchandize >iPad </merchandize >
```

```
<company>Apple, Inc</company>
    <price>500</price>
    <currency>USD</currency>
</contract>
```

(2)操作员 B 所提供的 XML 文档：

```
<?xml version="1.0" encoding="UTF-8"?>
<contract>
    <contract_id>9527</contract_id>
    <merchandize>iPad</merchandize>
    <company>Apple, Inc</company>
    <price>500</price>
    <money>USD</money>
</contract>
```

两份文档所描述的内容和文档格式基本相同,区别在代表结算货币标签。操作员 A 使用了<currency>标签,而操作员 B 使用了<money>标签。虽然两份文档语义没有什么区别,但是使用不同的标签代表相同的含义会造成数据格式不够严谨。为了避免歧义,我们需要统一格式。文档类型定义 DTD 就是解决 XML 文档数据格式的方法之一。DTD 定义了 XML 文档中的一系列元素和属性,进而定义了文档结构。DTD 对 XML 文档进行验证,可以确保 XML 文档在格式上符合 DTD 的要求。同时,DTD 也为编写 XML 文档的各方提供了共同的参考标准。

3.1.2　在 XML 文档中引入 DTD

3.1.2.1　外部 DTD

为了规范上一节两个 XML 文档,某公司为合同 XML 文件设计了一个 DTD 文档 contract.dtd,如代码 3.1 所示。

【代码 3.1】外部 DTD 实例：

```
<!ELEMENT contract (contract_id,merchandize,company,price,quantity,
curreny)>
<!ELEMENT contract_id (#PCDATA)>
<!ELEMENT merchandize (#PCDATA)>
<!ELEMENT company (#PCDATA)>
<!ELEMENT price (#PCDATA)>
<!ELEMENT quantity (#PCDATA)>
<!ELEMENT curreny (#PCDATA)>
```

这个 contract.dtd 文档将被其他 XML 共享使用。

在 XML 文件引用一个外部 DTD 的方法是把 DTD 定义在 XML 文档开始部分的

DOCTYPE 中。外部引用 DTD 格式如下：

<! DOCTYPE 文档实体 SYSTEM "DTD 文件" >

SYSTEM 标识了一个"系统标识符"，它的内容是一个外部 DTD 文件。其中"DTD 文件"可以是指一个在本地目录中的文件，也可以是一个 URL 指向的网络资源。文档验证工具就是通过这个被引用的 DTD 文件来验证 XML 文档的有效性。通过这个基本语法，数据操作员在他们的 XML 文档的根元素 <contract> 前一行插入一行：

```
<! DOCTYPE contract SYSTEM "contract. dtd" >
```

通过 DTD 验证有效性，可以发现，操作员 A 提供的文档符合公司制定文档要求，是有效文档。而操作员 B 的文档出现了未经定义的元素 <money>，文档无法通过验证。

3.1.2.2　内部 DTD

内部 DTD 是指把 DTD 的内容定义在 XML 文档中。它不能被其他 XML 文档共享。

定义内部 DTD 同样要用到 XML 文档中的 DOCTYPE，方法如代码 3.2 所示：

【代码 3.2】在 XML 文档中使用内部 DTD 实例：

```
<? xml version = "1.0" encoding = "UTF-8"? >
<! DOCTYPE contract [
<! ELEMENT contract (contract_id, merchandize, company, price, quantity,
curreny) >
<! ELEMENT contract_id (#PCDATA) >
<! ELEMENT merchandize (#PCDATA) >
<! ELEMENT company (#PCDATA) >
<! ELEMENT price (#PCDATA) >
<! ELEMENT quantity (#PCDATA) >
<! ELEMENT curreny (#PCDATA) >
]>
<contract>
    <contract_id>9527</contract_id >
    <merchandize>iPad</merchandize>
<company>Apple, Inc</company>
    <price>500</price>
    <currency>USD</currency>
</contract>
```

本节介绍了 DTD 对于 XML 验证文档的意义、外部和内部两种类型 DTD 定义方法的区别、在 XML 文中引用 DTD 的方法等。在本章的后续部分将介绍 DTD 的语法以及 DTD 和 XML 文档之间的关系。

3.2　元素定义

XML 元素是 XML 文档的基本组成部分。在有效的 XML 文档中的任何元素都必须在 DTD 中进行定义。元素定义指定了每个元素的名称、属性、内容以及在文档中出现的频率并且指定 XML 文档中元素的层次结构。这一节介绍如何使用 DTD 定义元素。

3.2.1　元素定义

定义元素的语法为：

<! ELEMENT 元素名 元素内容描述 >

其中：

▶ <! ELEMENT：表示元素定义指令开始，ELEMENT 是 DTD 的关键字，不能更改，也不可以改成小写；

▶ 元素名：表示要定义的元素的名称；

▶ 元素内容描述：指明此元素能包含什么样的内容，元素的类型如何，该类型的内容模型如何等。XML 标准将元素按内容划分为五种类型。

在 DTD 文档中，即使元素要作为多个元素的内容，这个元素也不需要多次定义。例如代码 3.3 所示 DTD 文档所定义的元素"姓名"被包含在教师和"学生"元素中，但是"姓名"在 DTD 中只定义了一次，同时在 DTD 中它被引用成为两个元素的子元素。元素"课目"也是同样道理。

【代码 3.3】元素定义方法：

```
<? xml version = "1.0"  encoding = "UTF -8"?  >
<! DOCTYPE 名单 [
<! ELEMENT 名单(教师 * ,学生 * ) >
<! ELEMENT 教师(姓名,教授课目) >
<! ELEMENT 学生(姓名,选修课目) >
<! ELEMENT 教授课目(课目 + ) >
<! ELEMENT 选修课目(课目 + ) >
<! ELEMENT 姓名(#PCDATA) >
<! ELEMENT 课目(#PCDATA) >
] >
<名单 >
    <教师 >
        <姓名 >孔丘 </姓名 >
        <教授课目 >
            <课目 >论语 </课目 >
```

```
        </教授课目>
    </教师>
    <学生>
        <姓名>周星星</姓名>
        <选修课目>
            <课目>演员的自我修养</课目>
            <课目>食神秘籍</课目>
        </选修课目>
    <学生>
</名单>
```

DTD 要求 XML 文档要严格遵守 DTD 中元素名称定义规则,未经 DTD 定义的元素都不能在 XML 文档中使用。代码 3.3 中的内部 DTD 没有定义名为“性别、电话号码”等元素,因此这些未经定义的元素不能用于 XML 文档中。如果 XML 确实需要增加新的元素,那么首先必须修改 DTD。

上述 DTD 中的元素“教师”被定义为如下形式:

```
<! ELEMENT 教师(姓名,教授课目)>
```

它指明了“教师”元素必须一次包含“姓名”和“教授课目”两个子元素。子元素在 XML 文档中必须按照 DTD 中所制定的顺序出现,不可以变更。

3.2.2 元素的类型

当 XML 文档中的一个元素由一对起始标签和结束标签表示时,两个标签之间的内容为该元素的内容。XML 文档的元素内容有多种组织形式,表 3.1 列出了各种组成类型及含义。在 DTD 中定义元素时任何一个元素只能选择其中一种内容类型。

表 3.1 元素内容定义

元素内容	描 述
#PCDATA	不含标签符号
EMPTY	该元素不含任何内容
ANY	内容不限
子元素类型	定义该元素所有子元素,在 XML 文档中一次出现
混合元素类型	该元素可能同时包含文本和子元素

3.2.2.1 #PCDATA 类型

#PCDATA 代表字符数据,是最为基本的元素类型,也就是不包含其他子元素的元素。声明一个基本元素类型的语法为:

```
<! ELEMENT 元素名 (#PCDATA)>
```

例如,<! ELEMENT title (#PCDATA)>表示声明了一个元素 title,它的内容为代表书名的字符数据,不能包含其他元素。对于这个声明,以下元素都是有效的:

<title>数据库系统概论</title>

<title>计算机网络</title>

而以下元素则无效:

<title>

<subtitle>数据库系统概论</subtitle>

</title>

3.2.2.2 EMPTY 元素类型

如果一个元素不包含任何内容,那么则声明它为空类型。声明语法为:

<! ELEMENT 元素名 EMPTY >

XML 文档中则以 <元素名></元素名>或者<元素名/>来使用。例如,声明了<! ELEMENT test EMPTY >,则 XML 文档中必须在相应的地方出现一个空元素:

<test></test>

或者

<test/>

这两种表示方法都是正确的。

3.2.2.3 ANY 元素类型

ANY 代表自由格式。该元素可以包含任何内容,一般只把文档的根元素规定为 ANY 类型,声明语法为:

<! ELEMENT 元素名 ANY >

值得一提的是,将元素规定为 ANY 类型之后,元素的内容可以是任意数量和顺序的子元素,也可以是可解析的字符数据。这是对元素内容最宽松的限定,实际应用时对元素内容几乎没有任何要求,除非文档明确要求这样的元素,否则应尽量避免使用该元素类型的声明。

3.2.2.4 子元素类型

这类元素中只能包含指定的子元素,在 DTD 中通过正规表达式规定子元素出现的顺序和次数。

如果要求子元素按照规定的次序依次出现,则可声明为:

<! ELEMENT 元素名(子元素名,子元素名, ...)>

其中,由圆括号括起来的部分即为元素所包含的子元素列表,子元素之间用逗号隔开。使用这种元素类型声明后,元素包含哪些子元素,各子元素出现的位置和次数都有明确的规定,在具体的 XML 文档中,必须严格执行,否则不能通过有效性验证。

例如:声明<! ELEMENT 图书(书名,作者,作者,价格)>,则以下元素有效:

<图书>

<书名>数据库系统概论</书名>

<作者>王珊</作者>

<作者>萨师煊</作者>

<价格>33.80</价格>

```
</图书>
```

而以下将价格和书名两个子元素颠倒则无效：

```
<图书>
<价格>33.80</价格>
<作者>王珊</作者>
<作者>萨师煊</作者>
<书名>数据库系统概论</书名>
</图书>
```

有些情况下，需要在多个子元素中选择一个使用，这种选择性子元素类型可以这样声明：

```
<! ELEMENT 元素名 (子元素名 | 子元素名 | ……) >
```

其中，由圆括号括起来的部分即为元素所包含的子元素列表，子元素之间用竖线隔开，表示元素必须在子元素列表中选择一个使用，而且只能选择一个。例如，标识一本图书既可以使用书名也可以使用 ISBN 书号，两者选其一即可。见代码 3.4。

【代码 3.4】

```
<? xml version = "1.0" encoding = "GB2312" standalone = "yes" ? >
<! DOCTYPE 图书 [
<! ELEMENT 图书 (图书代号, 价格) >
<! ELEMENT 图书代号 (书名 | 书号) >
<! ELEMENT 书名 (#PCDATA) >
<! ELEMENT 书号 (#PCDATA) >
<! ELEMENT 价格 (#PCDATA) >
] >        <书号>7040195836</书号>
<图书>
<图书代号>
    <书名>计算机网络</书名>
</图书代号>
<价格>35.00</价格>
</图书>
<图书>
<图书代号>
    <书号>7040195836</书号>
</图书代号>
<价格>33.80</价格>
</图书>
```

控制元素出现的次数，有以下方法可供选择：

▶ 规定一个元素可能出现 0 次或 1 次，则在元素后加一个"?"符号；

▶ 规定一个元素可能出现 0 次或任意多次，即不限定次数，则在元素后加一个"*"符号；

▶ 规定一个元素可能出现 1 次或任意多次，则在元素后加一个"+"符号；

▶ 明确规定一个元素出现的次数，如 2 次、6 次，就在子元素列表的相应位置将该元素重复几次。

代码 3.5 是对如何控制元素出现次数的详细举例。

【代码 3.5】

```
<? xml version = "1.0" encoding = "GB2312" standalone = "yes" ? >
<! DOCTYPE 图书系列 [
<! ELEMENT 图书系列 (图书*) >
<! ELEMENT 图书 (书名, 书号?, 作者+, 出版社, 价格) >
<! ELEMENT 书名 (#PCDATA) >
<! ELEMENT 书号 (#PCDATA) >
<! ELEMENT 作者 (#PCDATA) >
<! ELEMENT 出版社 (#PCDATA) >
<! ELEMENT 价格 (#PCDATA) >
]>
<图书系列>
<图书>
    <书名>数据库系统概论</书名>
    <书号>7040195836</书号>
    <作者>王珊</作者>
    <作者>萨师煊</作者>
<出版社>高等教育出版社</出版社>
<价格>33.80</价格>
</图书>
    <图书>
        <书名>计算机网络</书名>
<作者>谢希仁</作者>
<出版社>电子工业出版社</出版社>
    <价格>35.00</价格>
</图书>
</图书系列>
```

代码 3.5 中，DTD 规定 XML 文档的根元素为"图书系列"，其下有 0 个或多个"图书"元素，"图书"元素又包含五个元素，它们是"书名"、"书号"、"作者"、"出版社"和"价格”,其中,“书号”元素后的“?”表示该元素可以出现也可以不出现,“作者”元素后的“+”表示作者至少一个,也可以是多个。紧接着的 XML 文档中有两个“图书”元素,分别描述了数据库系统概论和计算机网络两本图书,后者没有“书号”元素,前者作者有两位,而后者仅一位。

3.2.2.5 混合元素类型

如果一个元素中可以包含字符数据或指定子元素,或者是同时包含两者,则这类元素为混合类型,混合元素类型的声明语法为:

<! ELEMENT 元素名 (#PCDATA | 子元素名 | 子元素名 |…) * >

两点说明:

第一,混合元素类型只适用在不限次数的标签中,即声明中圆括号后必须有“*”号。

第二,混合元素类型只能用在选择性子元素类型中,即圆括号内由“|”号隔开各项内容。

代码 3.6 是对混合元素类型声明的举例。

【代码 3.6】

```
<? xml version = "1.0" encoding = "GB2312" standalone = "yes" ? >
<! DOCTYPE 图书系列 [
<! ELEMENT 图书系列 (图书 * ) >
<! ELEMENT 图书 (#PCDATA | 书名 | 书号 | 作者 | 出版社 | 价格) * >
<! ELEMENT 书名 (#PCDATA) >
<! ELEMENT 书号 (#PCDATA) >
<! ELEMENT 作者 (#PCDATA) >
<! ELEMENT 出版社 (#PCDATA) >
<! ELEMENT 价格 (#PCDATA) >
] >
<图书系列 >
    <图书 >
    <书名 >数据库系统概论 </书名 >
    <书号 >7040195836 </书号 >
    <作者 >王珊 </作者 >
<作者 >萨师煊 </作者 >
<出版社 >高等教育出版社 </出版社 >
该教材为面向 21 世纪课程教材
</图书 >
    <图书 >
        <书名 >计算机网络 </书名 >
<作者 >谢希仁 </作者 >
```

<出版社>电子工业出版社</出版社>

该教材为高等学校电子信息类规划教材

<价格>35.00</价格>

</图书>

</图书系列>

代码3.6中，<! ELEMENT 图书 (#PCDATA | 书名 | 书号 | 作者 | 出版社 | 价格) * > 声明了“图书”元素为混合类型，则图书元素既可以包含字符数据，也可以任意包含其他五个子元素。由于混合类型容易打乱应有的层次关系，一般不主张使用混合元素。

以上是DTD中可以声明的五种元素类型，我们还可以使用分组符号“( )”将部分子元素组合为一个元素组。对待元素组和对待普通元素一样，在元素组内部，元素按照规定的方式出现，而且可以配合使用控制出现次数的“?”、“ * ”和“ + ”来实现更复杂的元素内容设定。

在默认情况下，在定义子元素时，每个子元素都必须出现一次。除此之外，每个子元素都允许被设置一个出现次数的修饰符，代表该元素在XML文档中出现次数间表3.2所示。

表3.2　定义子元素出现次数的修饰符

默认值	含　义
?	一个子元素出现0次或者1次
+	一个子元素至少出现一次
*	一个子元素可以出现0次或者多次

例如：声明<! ELEMENT 图书 (书名，(作者，作者职称，作者 Email) + ，出版社，价格) >，则以下元素为有效：

<图书>

<书名>数据库系统概论</书名>

<作者>王珊</作者>

<作者职称>教授</作者职称>

<作者 Email>example1@yahoo.com</作者 Email>

<作者>萨师煊</作者>

<作者职称>教授</作者职称>

<作者 Email>example2@yahoo.com</作者 Email>

<出版社>电子工业出版社</出版社>

<价格>33.80</价格>

</图书>

3.3 定义元素的属性

XML 元素的属性是对元素的补充和修饰,通过属性,我们能将一些简单的特性与元素相关联。在清单 3-2 中我们曾经用到过元素的属性:<作者 人数="2">王珊,萨师煊</作者>,在这里,"作者"元素有一个属性,即"人数"。

3.3.1 声明属性的语法

在 DTD 中,属性的声明语法如下:

<! ATTLIST 元素名 (属性名 属性类型 缺省值) * >

其中:

▶ <! ATTLIST:表示这是一条属性声明指令,ATTLIST 为关键字,大写;

▶ 元素名:表示属性所修饰的元素的名称;

▶ 属性名:指定要声明的属性的名称;

▶ 属性类型:指定该属性的属性值所属类型;

▶ 缺省值:在声明属性时,可以为其指定一个缺省值,也可以不指定。如果没有明确说明属性的取值,则语法分析器默认它使用缺省值。属性声明可以有几种不同的缺省设置,下面将具体介绍。

注意:声明中圆括号后跟一个"*"号,表示 ATTLIST 是一个属性的列表,它包含某元素多个属性的声明。为了增强可读性,每个属性声明通常占据单独的一行。

3.3.2 属性的缺省值

元素属性缺省值的作用不仅仅在于通常意义上的用于说明属性默认情况下的值,还可以用于说明属性的取值方法。属性声明有四种不同的缺省设置,该设置指定了属性在文档中出现的方式,如表 3.3 所示。

表 3.3 元素属性缺省值

默认值	含义
#REQUIRED	属性值不可缺省
#IMPLIED	属性值可选
#FIXED	必须使用由"固定值"指定的固定属性值
缺省值	默认的属性值

3.3.2.1 必须赋值的属性 #REQUIRED

使用关键字 REQUIRED 指定在 XML 文档中该属性不可省略,必须为这个属性给出一个属性值。例如:

<! ATTLIST 作者 联系方式 CDATA #REQUIRED>

意味着在 XML 文档中使用“作者”元素时,必须同时指定“联系方式”属性的值,其值为 CDATA 类型。

3.3.2.2 属性值可有可无的属性 #IMPLIED

使用 IMPLIED 关键字表示并不强行要求在 XML 文档中给该属性赋值,而且也无须在 DTD 中为该属性提供缺省值。可以说,这是对属性值有无的最低要求,现实中经常用到。例如:

<! ATTLIST 作者 联系方式 CDATA #IMPLIED>

3.3.2.3 固定取值的属性 #FIXED

还有一种较为特殊的情况:当需要为一个特定的属性提供一个缺省值,并且规定 XML 文档的编写者不能更改它时,就应该使用 FIXED 关键字,同时为该属性提供一个缺省值。例如:

<! ATTLIST 作者 职称 CDATA #FIXED“教授” >

3.3.2.4 仅定义缺省值的属性

最后还有一种属性,声明时不使用以上任何一种关键字,仅定义该属性的缺省值。如果 XML 文档元素中不包含该属性,则分析器将缺省值作为属性值,否则,可以在 XML 文档中给出新的属性值来覆盖缺省值。例如:<! ATTLIST 作者 人数 CDATA “1”>,属性“人数”的默认值为“1”,你可以在 XML 文档中根据实际作者人数指定其他值。

代码 3.7 是对以上几种缺省值的举例。

【代码 3.7】

```
<? xml version = "1.0"  encoding = "GB2312"  standalone = ”yes” ? >
<! DOCTYPE 图书系列 [
<! ELEMENT 图书系列 (图书 * ) >
<! ELEMENT 图书 (书名, 作者, 出版社, 价格) >
<! ELEMENT 书名 (#PCDATA) >
<! ELEMENT 作者 (#PCDATA) >
<! ELEMENT 出版社 (#PCDATA) >
<! ELEMENT 价格 (#PCDATA) >
<! - -元素的属性声明 - - >
<! ATTLIST 书名
书号 CDATA #REQUIRED  >
<! ATTLIST 作者
人数 CDATA “1” >
<! ATTLIST 出版社
出版年 CDATA #FIXED “2002”
版次 CDATA #IMPLIED  >
] >
```

```
<图书系列>
    <图书>
    <书名 书号 =" 7040195836' >数据库系统概论</书名>
    <作者 人数 ="2" >王珊,萨师煊</作者>
    <出版社 出版年 ="2002" 版次 ="2" >高等教育出版社</出版社>
    <价格>33.80</价格>
</图书>
    <图书>
        <书名 书号 =" 7505387863" >计算机网络</书名>
    <作者 人数 ="1" >谢希仁</作者>
    <出版社 出版年 ="2002" >电子工业出版社</出版社>
    <价格>35.00</价格>
</图书>
</图书系列>
```

其中,“图书”元素有一个不可省略的属性“书号”,“作者”元素有一个缺省值为 1 的属性“人数”,而“出版社”元素有两个属性,一个为固定值“2002”的属性“出版年”,另一个是“版次”属性,该属性为可选。

3.3.3 属性的类型

DTD 可定义的属性类型共有 10 种,它们是 CDATA、NMTOKEN、NMTOKENS、Enumerated、ID、IDREF、IDREFS、ENTITY、ENTITIES 和 NOTATION,以下分别介绍。

3.3.3.1 CDATA 属性类型

CDATA 是最为常见的属性类型,表示属性值可以是任何文本字符串。当然几个特殊符号必须经过转义后方能使用,由实体 &替代“&”,实体 <替代“ < ”,实体 "替代“"”等。注意 CDATA 关键字和元素声明中关键字 PCDATA 不同。

3.3.3.2 NMTOKEN 属性类型

NMTOKEN 类型的属性也是文本数据的类型。和 CDATA 不同的是,这类属性的属性值只能是由英文字母、数字以及下划线符号“_”、连接符号“-”、英文句点符号“.”和冒号“:”所构成的文本字符串,且字符串中不能包含空格符号。例如,要求 book 元素中 author 属性为作者姓名首字母缩写(比如 ZL、SP),则可以使用如下声明:

```
<! ATTLIST book   author   NMTOKEN   #REQUIRED >
```

这样就可以防止在 XML 文档中输入 Zhang Lin、Sun Ping 等含有空格符的作者名。

3.3.3.3 NMTOKENS 属性类型

NMTOKENS 属性类型表示许多的 NMTOKEN 结合在一起,并且以空格作为分隔。一般来说,使用 NMTOKENS 类型的原因和使用 NMTOKEN 的原因类似,不同的是 NMTOKENS 的属性值是由空格隔开的多个 NMTOKEN 组成。例如,声明以下语句:

```
<! ATTLIST book   author   NMTOKENS   #REQUIRED >
```

则 XML 文档中可以包含下列 book 元素：

<book author = "Zhang Lin"/>

3.3.3.4　Enumerated（枚举）属性类型

枚举类型的属性表示其属性值将在一组由竖线"|"隔开的列表中选取。如果要规定 XML 文档中属性的值不是任意的字符串，而是在可能的若干个值中选择，则可以将属性类型设定为 Enumerated 类型。注意：Enumerated 不是 DTD 的关键字。例如，声明以下语句：

```
<! ATTLIST book  type  （优秀教材 |  规划教材 | 一般教材）  #REQUIRED >
```

表示元素"book"的"type"属性必须有，而且必须从"优秀教材""规划教材"或"一般教材"选择其一。

枚举类型的属性也可以设定默认值，例如：

```
<! ATTLIST book  type  （优秀教材 |  规划教材 | 一般教材）  "一般教材" >
```

表示默认值为一般教材。

3.3.3.5　ID 属性类型

ID 属性用于为文档中的元素定义唯一标识，文档创建工具和其他应用程序一般使用 ID 来标识文档的元素，而不必关心它们的准确含义。该属性的作用类似于 HTML 文件中的内部链接。

ID 类型的属性值必须是有效的 XML 名称，它以字母开头并由数字、字母及下划线组成，且不含空格，标记的特殊名称也不能用于 ID 属性。此外，每个元素不能有多个 ID 类型的属性。通常，除了 ID 属性的值之外，多个元素实际上可以相同。

注意：不要给 ID 类型的属性事先指定缺省值，这容易引起不同元素具有相同标识的情况，更不能使用 FIXED 型的缺省值，因为 FIXED 属性只能有一个值，而每个 ID 类型的属性必须有不同的值。大多数 ID 属性使用 REQUIRED 缺省类型，当然，这也不是必须的。有的应用并不要求每个元素都有自己的标识，所以也可以使用 IMPLIED 缺省类型。

例如，声明：<! ATTLIST book isbn ID #REQUIRED> 来定义"book"元素的"isbn"属性为 ID 类型来唯一标识一本图书，而且该属性在 XML 文档中必须出现。

3.3.3.6　IDREF 属性类型

IDREF 类型允许属性值是文档中的另一个元素的 ID，见代码 3.8。

【代码 3.8】

```
<? xml version = "1.0"  encoding = "GB2312"  standalone = "yes'?  >
<! DOCTYPE 图书及分类 [
<! ELEMENT 图书及分类（图书系列，分类列表）>
<! ELEMENT 图书系列（图书 *）>
<! ELEMENT 图书（书名，作者，出版社，价格）>
<! ATTLIST 图书 书号 ID #REQUIRED >
<! ELEMENT 书名（#PCDATA）>
<! ELEMENT 作者（#PCDATA）>
```

```
<! ELEMENT 出版社 (#PCDATA) >
<! ELEMENT 价格 (#PCDATA) >
<! ELEMENT 分类列表 (分类项目 * ) >
<! ELEMENT 分类项目 (PCDATA) >
<! ATTLIST 分类项目 图书书号 IDREF #REQUIRED  >
] >
<图书及分类 >
<图书系列 >
    <图书 >
    <书名 书号 =" 7040195836' >数据库系统概论 </书名 >
    <作者 >王珊,萨师煊 </作者 >
    <出版社 >高等教育出版社 </出版社 >
    <价格 >33.80 </价格 >
</图书 >
<图书 >
    <书名 书号 =" 7505387863" >计算机网络 </书名 >
    <作者 >谢希仁 </作者 >
    <出版社 >电子工业出版社 </出版社 >
    <价格 >35.00 </价格 >
</图书 >
<图书 >
    <书名 书号 =" 7030103701" >计算机组成原理 </书名 >
    <作者 >白中英 </作者 >
    <出版社 >科学出版社 </出版社 >
    <价格 >33.00 </价格 >
</图书 >
</图书系列 >
<分类列表 >
    <分类项目 图书书号 =" 7040195836" >优秀教材 </分类项目 >
    <分类项目 图书书号 =" 7030103701" >优秀教材 </分类项目 >
    <分类项目 图书书号 =" 7505387863" >规划教材 </分类项目 >
</分类列表 >
</图书及分类 >
```

其中,“分类项目”元素的属性“图书书号”取值必须是“图书”元素的属性“书号”定义过的值。

3.3.3.7 IDREFS 属性类型

如果一个属性需要引用文档中的多个 ID,则可以把它声明为 IDREFS 类型,该类型的属性值是使用空格分隔的若干个 ID。例如,将代码 3.8 中的“分类项目”元素的“图书书号”属性声明修改为:<! ATTLIST 分类项目 图书书号 IDREFS #REQUIRED >,则 XML 文档中的分类列表元素可以如下:

```
<分类列表>
    <分类项目 图书书号 =" 7040195836  7030103701">优秀教材</分类项目>
    <分类项目 图书书号 =" 7505387863">规划教材</分类项目>
</分类列表>
```

3.3.3.8 ENTITY 属性类型

使用 ENTITY 类型可以将一个外部实体链接到 XML 文档。该类型属性的属性值是 DTD 中声明的未解析普通实体的名称,实体名和外部实际数据(通常是图形、音频等二进制数据文件)相链接。

实体分为一般实体和参数实体两种类型。这里,ENTITY 属性类型的属性值属于一般实体,它的定义方式是:

<! ENTITY 实体名 "实体内容" >或利用 SYSTEM 定义外部实体,方式为:

<! ENTITY 实体名 SYSTEM "外部文件名" >

引用该一般实体的方式为:& 实体名;

如果声明一个属性是 ENTITY 类型,则它的取值为已定义的实体。代码 3.9 是一个在 XML 文档中使用实体类型的属性包含外部图片文件的例子。

【代码 3.9】

```
<? xml version ="1.0"? >
<! DOCTYPE photos [
<! ELEMENT photos (photo * ) >
<! ELEMENT photo (No, image) >
<! ELEMENT No (#PCDATA) >
<! ELEMENT image EMPTY >
<! ATTLIST image src ENTITY #REQUIRED >
<! ENTITY pic1 SYSTEM "picture1.jpg" >
<! ENTITY pic2 SYSTEM "picture2.gif" >
]>
<photos>
<photo>
<No>001</No>
<image src ="&pic1;"/>
</photo>
```

```
<photo>
<No>002</No>
<image src="&pic2;"/>
</photo>
</photos>
```

3.3.3.9 ENTITIES 属性类型

ENTITIES 是 ENTITY 的集合,用于同时引用两个及以上的外部数据文件。ENTITIES 类型属性的值是由以空格分隔的若干个未解析实体名组成。这个方法可用于轮流显示不同图片的幻灯片,见代码 3.10。

【代码 3.10】

```
<?xml version="1.0"?>
<!DOCTYPE photos [
<!ELEMENT image EMPTY>
<!ATTLIST image src ENTITIES #REQUIRED >
<!ENTITY pic1 SYSTEM "picture1.jpg" >
<!ENTITY pic2 SYSTEM "picture2.gif" >
]>
<photos>
<image src="&pic1;  &pic2;"/>
</photos>
```

注意,目前大多数浏览器都不支持这种引入非 XML 数据的技术。

3.3.3.10 NOTATION 属性类型

NOTATION 类型允许属性值为一个 DTD 中声明的记号,这个类型对于使用非 XML 格式的数据非常有用。现实世界中存在着很多无法或不易用 XML 格式组织的数据,例如图像、声音、影像等。对于这类数据,XML 应用程序常常并不提供直接的应用支持。通过为它们设定 NOTATION 类型的属性,可以向应用程序指定一个外部的处理程序。例如,当你想要为一个给定的文件类型指定一个演示设备时,可以用 NOTATION 类型的属性作为触发器。要使用 NOTATION 类型作为属性的类型,首先要在 DTD 中为可选用的记号做出定义。定义的方式有两种,一种是使用 MIME 类型,形式为:

```
<!NOTATION 记号名 SYSTEM "MIME 类型" >
```

另一种是使用一个 URL 路径,指定一个处理程序的路径,可如下定义:

```
<!NOTATION 记号名 SYSTEM "URL 路径名" >
```

NOTATION 属性类型的举例见代码 3.11。

【代码 3.11】

```
<?xml version="1.0" standalone="yes"?>
<!DOCTYPE library[
```

```
<! ELEMENT library (movie) >
<! ELEMENT movie EMPTY >
<! ATTLIST movie player NOTATION (gif | mp) #REQUIRED >
<! NOTATION gif SYSTEM "Image/gif" >
<! NOTATION mp SYSTEM "movPlayer.exe" >
]>
<library>
<movie player = "mp"/>
</library>
```

其中,为“movie”元素的“player”属性指定了两种可选的演示设备:一种是 movPlayer.exe,用来播映.mov 文件,另一种则用来绘制 GIF 图像,这两种设备在 DTD 中分别定义了记号名“gif”和“mp”。记号“gif”采用 MIME 类型方式定义,而记号“mp”则采用 URL 路径名指定一个外部处理程序。

3.4 定义实体

实体在 XML 中充当着宏或别名的角色。其最根本的作用是为一大段文本创建一个别名,这样,在文件的另一个位置需要引用这段文本时,只需要指向它的别名就可以了。它还意味着一旦需要修改文本内容,只需要在一个地方做改动,就可完成全局的改动。

3.4.1 实体分类

实体分为一般实体和参数实体两种类型,它们都可以定义为内部的也可以用关键字 SYSTEM 定义为外部的,即内部一般实体、外部一般实体、内部参数实体、外部参数实体。实体的定义必须出现在引用之前,而且要注意正确嵌套,不能出现循环引用的情况。在 DTD 中,这两种类型的实体都得到了广泛的应用。

3.4.2 一般实体定义和引用

内部一般实体的定义方式是:<! ENTITY 实体名 "实体内容" >;

外部一般实体的定义方式是:<! ENTITY 实体名 SYSTEM "外部文件名" >

一般实体的引用方式为:& 实体名。注意:实体名由字母和数字以及下划线构成,不能使用空格和其他标点符号字符。

请看下面的例子:

【代码 3.12】

```
<? xml version = "1.0" encoding = "GB2312" standalone = "yes"? >
<! DOCTYPE 图书系列[
```

```
<! ELEMENT 图书系列 (图书 * ) >
<! ELEMENT 图书 (书名, 作者, 出版社, 价格) >
<! ELEMENT 书名 (#PCDATA) >
<! ELEMENT 作者 (#PCDATA) >
<! ELEMENT 出版社 (#PCDATA) >
<! ELEMENT 价格 (#PCDATA) >
<! ENTITY PUBLISHER "高等教育出版社" >
] >
<图书系列 >
    <图书 >
    <书名 >数据库系统概论 </书名 >
    <书号 >7040195836 </书号 >
    <作者 人数 ='2' >王珊,萨师煊 </作者 >
    <出版社 >&PUBLISHER; </出版社 >
    <价格 >33. 80 </价格 >
</图书 >
</图书系列 >
```

3.4.3 参数实体的定义和引用

对一般实体的引用是在 XML 文档中进行的,一般实体的内容是 XML 文档而不是 DTD 的一部分,但有时候需要在 DTD 中也包含实体引用,以方便元素和属性的声明,为此,XML 提供了参数实体引用。参数实体只能在 DTD 中使用,不用于 XML 文档。同样的,参数实体可以定义为内部的,也可以用关键字 SYSTEM 定义为外部的。

内部参数实体的定义方式是:<! ENTITY % 实体名 "实体内容">
或利用 SYSTEM 定义外部参数实体:<! ENTITY % 实体名 SYSTEM "外部文件名" >

外部参数实体的引用方式为:%实体名;

较之一般实体,参数实体的不同在于:参数实体的定义中实体名前加上"%"符号,而一般实体则没有;参数实体的引用以"%"符号开头,而不是一般实体使用的"&"号;参数实体的引用只出现在 DTD 中,而不出现在 XML 文档内容中。

正如前面提到过的,使用参数实体的目的主要是方便元素和属性的声明。例如:

```
<! ENTITY % BASIC_INFO "姓名 | EMAIL | 电话 | 地址" >
<! ELEMENT 学生联系信息 (%BASIC_INFO; | 班级) >
<! ELEMENT 教师联系信息 (%BASIC_INFO; | 教研室) >。
```

这样就避免了重复输入"姓名 | EMAIL | 电话 | 地址"。

代码3.13是对实体嵌套的举例：

【代码3.13】

```
<? xml version = "1.0" standalone = "yes"? >
<! DOCTYPE addresslist[
<! ENTITY  % WHPU  "Wuhan Polytechnic University" >
<! ENTITY  COPY2008  "CopyRight  2008  %WHPU; " >
<! ENTITY  % BASIC_INFO "name | email" >
<! ELEMENT addresslist (students, teachers, copyright) >
<! ELEMENT students (student * ) >
<! ELEMENT teachers (teacher * ) >
<! ELEMENT student (%BASIC_INFO; | homephone) >
<! ELEMENT teacher (%BASIC_INFO; | officephone) >
<! ELEMENT name (#PCDATA) >
<! ELEMENT email (#PCDATA) >
<! ELEMENT homephone (#PCDATA) >
<! ELEMENT officephone (#PCDATA) >
]>
< addresslist >
<students>
    <student>
        <name>Tom</name>.
        <email>tom@ yahoo. com</email>
        <homephone>8912345</homephone>
</student>
</students>
<teachers>
    <teacher>
        <name>Mike</name>.
        <email>mike@ yahoo. com</email>
        <officephone>87654321</officephone>
</teacher>
</teachers>
<copyright>&COPY2008;</copyright>
</addresslist>
```

其中，首先声明了一个参数实体，实体名为“WHPU”，对该实体的引用只能出现在DTD

中,接着声明了一般实体“COPY2008”,它的实体内容对上面的参数实体进行了引用。一般实体的引用将在 XML 文档中出现。接下来定义的“BASIC_INFO”也是参数实体,只能在 DTD 中对其进行引用。

3.5 XML 文档的有效性

符合 XML 语法规则的 XML 文档才能算是格式良好的 XML 文档。但是格式良好的 XML 文档并不一定有效,那些用户自定义的标记并没有经过检查和验证,虽然他们符合 XML 基本语法规则,但它们是不是用户需要的标记呢?如果将这样的 XML 文档直接交给应用程序处理,则需要应用程序来检查其结构的有效性,这就增加了应用程序的负担。因此,大多数 XML 解析器在检查格式是否良好的基础上,会进一步检查结构的有效性,从而分担了处理 XML 文档的应用程序的负担。这种检查结构有效性的 XML 解析器称之为有效性验证解析器。能通过有效性验证解析器查验的 XML 文档称之为有效 XML 文档。

有效性验证解析器主要寻找阅读 XML 文档声明 DTD 信息,并检查 XML 文档的结构是否符合 DTD 中定义。DTD 中规定了 XML 文档可以有什么元素、属性或实体等。如果使用了没有在 DTD 中定义的元素、属性或实体,则 XML 文档不能通过有效性验证。

与非验证解析器不同,有效性验证解析器需要加载所有的 DTD 信息,并报告所有发现的错误,除了所有 XML 解析器都需要报告的格式错误除外,还需要根据 DTD 中定义的内容报告与 DTD 不相符的结构错误。因此,虽然有效性解析器能够保证 XML 文档的结构严谨,但使用时需要耗费更多的资源,在运行速度和效率方面也比非验证解析器低。用户使用时可以根据需要选择解析器。一般情况下是在服务器端使用 XML 有效性解析器,而在客户端使用非验证性解析器。在这种模式中,服务器在把 XML 文档送往客户端之前先做结构有效性检查,使得客户端接收到的 XML 文档结构有效的,并且不包括任何外部 DTD 的定义,这样客户端也就不需要任何有效性验证了。

专业的 XML 编辑软件一般都内置有效性验证解析器,因此除了提供格式是否良好的检查外,还提供有效性验证。在 XMLSPY 软件的 XML 菜单下,单击检查 XML 文件,可验证当前 XML 是否有效的,并在下面的输出窗口可看到验证结果,绿色的勾表示是有效的,如图 3.1 所示。

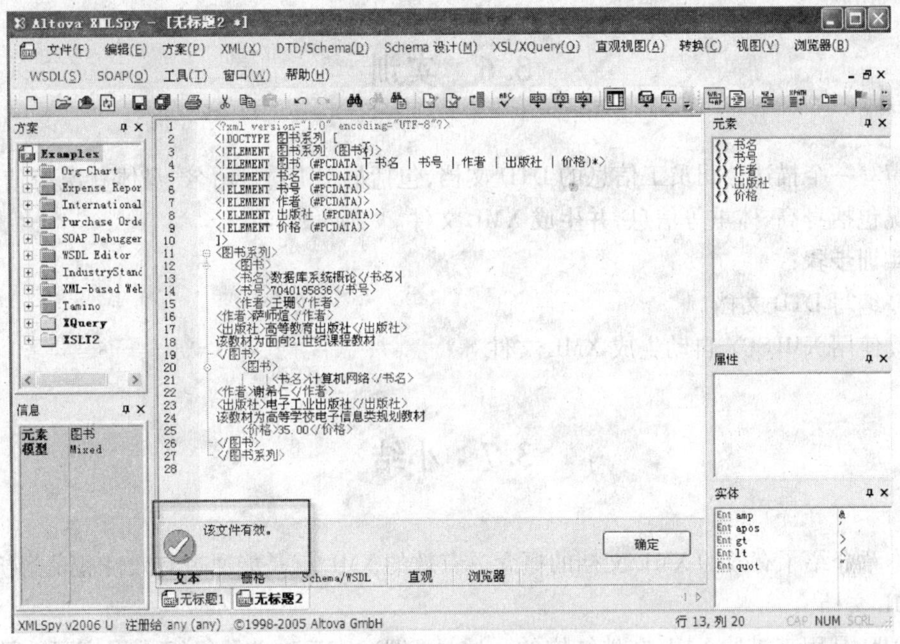

图 3.1　验证 XML 文档有效

菜单下，单击 DTD/Schema 按钮生成 DTD/Schema，即可为当前 XML 自动生成 DTD 文档，如图 3.2 所示。XMLSPY 软件可以为 DTD 文档生成 XML 实例文档，方法是 DTD/Schema 菜单下单击 generate XML sample File 按钮，即可为 DTD 文档生成 XML 样例文档。

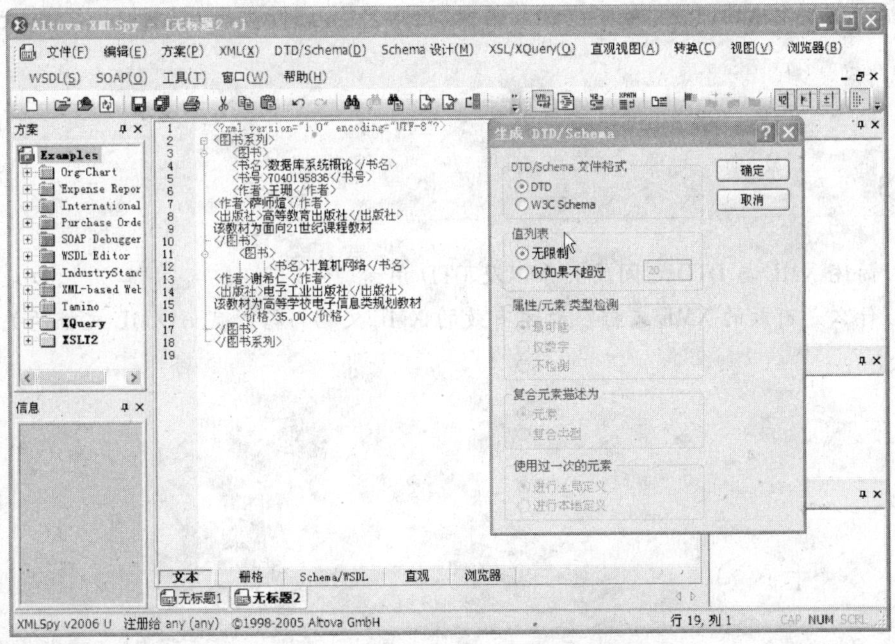

图 3.2　由 XML 生成 DTD

3.6 实训

编写一个描述公司员工信息的 DTD 文档,包括员工 ID、公司名、身体状况等信息,身体状况包括身高、体重等信息,并生成 XML 文件。

实训步骤:

1. 编写 DTD 文档
2. 使用 XMLSPY 自动生成 XML 文件

3.7 小结

本章介绍了有效的 XML 文档的概念。有效的 XML 就是能通过有效性验证解析器检查 XML 文档。

DTD 是用来描述 XML 文档结构的。通过 DTD,相互独立的组织或程序可一致地使用某个标准的 DTD 来交换数据。DTD 文档主要包含元素的声明、属性的声明、实体的声明等。

元素通过 ELEMENT 标记声明,元素内容模式通常有 EMPTY、ANY、#PCDATA、子元素和混合模式。

属性声明由 ATTLIST 关键字、元素名称、属性名称、属性类型和属性默认值这 5 个部分构成。

习题 3

1. 简述 XML 与 DTD 之间的关系以及 DTD 用途。
2. 什么是有效的 XML 文档?简述有效的 XML 文档与格式良好 XML 文档的关系。

第四章　XML 模式——XML Schema

主要内容

- ▶ Schema 的优越性
- ▶ Schema 的元素、属性和注释
- ▶ Schema 中简单类型
- ▶ Schema 中复杂类型
- ▶ 全局声明与 ref 引
- ▶ 名称空间

难点

- ▶ Schema 中简单类型
- ▶ Schema 中复杂类型
- ▶ 名称空间

4.1　XML Schema

在 XML 技术成为万维网推荐标准之后，DTD 体现出不少的局限性，万维网协会又推出了用于描述、约束、检验 XML 文档的新方法——Schema（XML 模式）。Schema 也是用来定义 XML 文档，验证 XML 文档是否符合要求的一种技术。Schema 对 XML 文档结构的定义和描述主要用来约束 XML 文档，并验证 XML 文档的有效性。

4.1.1　XML Schema 的提出

DTD 源于 SGML 规范，同时也是 XML1.0 规范的重要组成部分，它是描述 XML 文档结构的正式规范。但是，DTD 有着不少缺陷，归纳如下：

（1）DTD 是基于正则表达式的，描述能力有限。

（2）DTD 没有数据类型的支持，在大多数应用环境下能力不足。

（3）DTD 的约束定义能力不足，无法对 XML 实例文档做出更细致的语义限制。

（4）DTD 的结构不够结构化，重用的代价相对较高。

（5）DTD 并非使用 XML 作为描述手段，而 DTD 的构建和访问没有标准的编程接口，无法使用标准的编程方式进行 DTD 维护。

XML 文档处理的自动化要求有一种更为严格、更为全面的解决方案，这方面的需求包括：如何对文档结构、属性、数据类型等进行约束，以及如何使一个应用程序的不同模

块之间能够互相协调等。于是,以微软为首的众多公司提出了 XML Schema,在保留并扩充了 DTD 原有的文档结构说明能力的同时,期望解决 DTD 与生俱来的种种问题。W3C 的 XML Schema 工作组也致力于制订定义 XML 文档的结构、内容和语义的方法。

事实上,XML Schema 也是 XML 的一种应用,它是将 DTD 重新使用 XML 语言规范来定义。从某种意义上讲,这充分体现了 XML 自描述性的特点。与 DTD 相比,XML Schema 具有以下优势:

4.1.1.1　一致性

与 DTD 不同,XML Schema 不使用 EBNF 语法,而是直接借助 XML 本身的特性,用 XML 语法来定义文档的模式,使得 XML 文档及其模式定义实现了从内到外的统一。此外,XML Schema 本身是一种 XML 文档,可以被现有的 XML 编辑制作工具所编辑,被 XML 语法分析器所解析,被 XML 应用系统所利用,既有投资得到了最大程度的保护。

4.1.1.2　扩展性

尽管 DTD 中定义了一些数据类型,但基本都是针对属性类型定义的,并且类型非常有限。XML Schema 不仅支持 DTD 中的所有原始数据类型(诸如标识和标识引用之类的类型),还支持整数、浮点数、日期、时间、字符串、URL 和其他对数据处理和验证有用的数据类型。除了规范中定义的数据类型以外,还可以利用 XML Schema 创建自己的数据类型,并且可以基于其他数据类型派生出新的数据类型,具有良好的可扩展性。

4.1.1.3　易用性

XML Schema 优于 DTD 的另一个原因要归结于 DOM 和 SAX(DOM 和 SAX 将在后面章节中介绍)。作为一种 XML API,DOM 和 SAX 只是对 XML 实例文档有效,对于 DTD 则无能为力,不可能通过 DOM 或 SAX 来判定在 DTD 中一个元素的属性类型或者某个元素的子元素允许出现的次数。但是,使用 XML Schema 则不存在这一问题,因为对 XML 文档结构进行描述的 XML Schema 是一种"形式良好的"XML 文档,用 DOM 和 SAX 去访问和处理就非常容易了。

4.1.1.4　规范性

同 DTD 一样,XML Schema 也提供了一套完整的机制以约束 XML 文档中元素的使用,但相比之下,后者基于 XML 语法,更具规范性。XML Schema 利用元素的内容和属性来定义 XML 文档的整体结构,如哪些元素可以出现在文档中、元素间的关系是什么、每个元素有哪些内容和属性以及元素出现的顺序和次数等,一目了然。

4.1.1.5　互换性

正如每个人都可定义自己的 DTD 一样,读者也可根据需要设计适合自己应用的 XML Schema,并且可以同其他人交换自己的 XML Schema。另外,通过映射机制,还可以将不同的 XML Schema 进行转换,以实现更高层次的数据交换。

4.2　XML Schema 的基本结构

XML Schema 是扩展名为“. xsd”的一个文本文件，使用 XML 语法来编写。基本结构为：

```
<xsd:schema xmlns:xsd = "http://www.w3.org/2001/XMLSchema" >
<! - -Schema 的内容 - - >
</xsd:schema >
```

XML Schema 文件的根元素必须是“schema”，XML Schema 文档就是一种 XML 文档，不像 DTD 那样有着特殊语法。“schema”元素有一个属性 xmlns，它指定整个 XML Schema 位于 http://www. w3. org/2001/XMLSchema 名称空间中，名称空间的前缀是 xsd 或 xs。

XML Schema 文档中的主要组件包括：元素、属性、注释和类型。

4.2.1　元素

XML 文档由元素组成，元素是构成 XML 文档的首要组件。由于元素所含内容的不同，元素在 XML Schema 中的定义也有若干不同的方法。

如果一个元素不含任何属性，只含有文本内容，它就被看做一个简单类型的元素，定义方法很简单。比如在代码中有一个 comment 元素，只含有如下所示的文本内容：

```
<comment >
The order system is for Canadian customers only.
</comment >
```

与之对应的 XML Schema 定义是：

```
<xs:element name = "comment" type = "xs:string"/ >
```

其中 xs:element 用于定义一个元素，它的 name 属性定义了这个元素的标签名，type 属性定义了这个元素的类型。如果这个元素数据是简单类型，type 属性的值应该对应于 XML Schema 的一种内置的简单类型。

如果一个元素是含有子元素的复杂类型元素，它在 XML Schema 中的定义就能够有很多不同形式，比如同样是来源于代码 4. 1 的 credit_card 元素，它含有 card_type 和 card_num 两个子元素：

【代码 4. 1】

```
<creadit_card >
    <card_type > Visa </card_type >
    <card_num > 342483723474356 </card_num >
<creadit_card >
```

在 XML Schema 中，creadit_card 元素可以通过以下方法先为它专门创建一个新的复杂类型数据：

【代码 4.2】

```
<xs:complexType name="credit_card_type">
  <xs:sequence>
    <xs:element name="card_type" type="xs:string"/>
    <xs:element name="card_num" type="xs:string"/>
  </xs:sequence>
</xs:complexType>
```

如代码 4.2 中 xs:complexType 用于创建一个新的复杂数据类型，类型名为 credit_card_type。这个复杂的类型一次定义了 card_type 和 card_num 这两个子元素。两个子元素本身都具有简单类型 xs:string。当一个新的复杂类型被定制完成以后，它就可以被 xs:element 元素的 type 属性引用，从而实现一个复杂类型元素的定义。方法如下：

```
<xs:element name="credit_card" type="credit_card_type"/>
```

4.2.2 属性

含有属性的元素属于复杂类型，因此属性所在的元素必须被定义成一个复杂元素。比如 XML 文档中：

```
<phone phone_type="home">416-656-1234</phone>
```

元素 phone 只含有文本内容，没有子元素，但是它含有 phone_type 属性，因此在 XML Schema 中被定义为一个复杂类型：

【代码 4.3】

```
<xs:element name="phone">
  <xs:complexType>
    <xs:simpleContent>
      <xs:extension base="xs:string">
        <xs:attribute name="phone_type" type="xs:string" use="required"/
      </xs:extension>
    </xs:simpleContent>
  </xs:complexType>
</xs:element>
```

同样，xs:complexType 用于定义一个复杂类型，xs:simpleContent 声明了这个复杂类型没有子元素，xs:extension 表明了元素内容派生于一种简单类型，这个简单类型由 xs:extension 元素的 base 属性定义。

当 base 属性值为 xs:string 时，代表了新的元素内容是由文本组成。xs:attribute 元素定义了一个 name 为 phone_type 的属性，属性 name 就是指属性名称。use="required"的含义是这个属性在 XML 文档中必须出现。

代码 4.3 中，一个复杂类型并没有像前一段代码所示那样把一个复杂类型单独定义，而是在 xs:element 元素中省略了 type 属性，并把这个复杂类型直接描述在 xs:element

元素内容中。这两段代码分别演示了复杂类型元素的定义方法。他们的一个主要区别是如果一个新的类型被单独定义，那么这个新类型就可以在 XML Schema 的其他部分被多次引用。

4.2.3　注释

XML 文档中常常包括一个由 <！ - - 和 - - >包围起来的注释信息。但是注释信息在 XML 文档被解析期间可能被忽略，或注释信息发生了丢失或更改。XML Schema 本身是一个 XML 文档，其中的注释也会由于相同的原因而引起某些中重要注释信息缺失。XML Schema 的 annotation 元素正是解决这个问题的方法。

通常，XML Schema 中的注释用于两种目的：表示当前 XML Schema 文档本身的重要信息，比如版权、版本、作者、日期、参考资料等；标注某一个特定的定义段落，比如 XML Schema 中某一个定义的作用、用法、注意事项等。

第一种情况可以由 xs：annotation 的子元素 xs：docmentation 实现。

第一类注释往往出现在 XML Schema 的根元素的第一个子元素的位置，比如下面的代码 4.4 和代码 4.5 片段：

【代码 4.4】

```
<? xml version = "1.0" encoding = "UTF - 8"? >
<xs:schema xmlns:xs = " http://www.w3.org/2001/XMLSchema" >

<xs:annotation >
  <xs:documentation xml:lang = "zh - CN" >
  《XML 程序设计》
</xs:documentation >
</xs:annotation >
……
</xs:schema >
```

第二种情况可以由 xs：annotation 的子元素 xs：appinfo 实现。

这一类注释往往标注在 XML Schema 需要说明的位置上，如代码 4.6 的元素定义说明：

【代码 4.6】

```
<xs:element name = "credit_card" type = "credit_card_types" >
  <xs:annotation >
    <xs:appinfo >
credit_card_type 是 XML Schema 中定义的一个全局组件
</xs:appinfo >
</xs:annotation >
</xs:element >
```

4.2.4 类型

观察代码或者其他 XML 文档,很容易找到一些元素的内容包含有子元素,另外,一些元素在开始标签中使用了属性。这些带有子元素或者使用属性的元素内容在 XML Schema 中属于复杂类型。

例如:

<信用卡>

<卡种>Visa</卡种>

<卡号>342483723474356<卡号>

</信用卡>

或者

<信用卡 卡种="Visa">342483723474356</信用卡>

或者

<信用卡 卡种="Visa">

<卡号>342483723474356</卡号>

</信用卡>

或者

<信用卡 卡种="Visa" 卡号="342483723474356"/>

XML 文档中的还有些元素既不包含子元素,又不包含属性,只含有文本内容,这样的元素内容在 XML Schema 中则属于简单类型。属性只有简单类型。比如:

<日期>05-06-2011</日期>

<phone> 342483723474356</phone>

上述两个简单的类型分别用于表示日期和电话号码,XML Schema 为了适应不同需要已经预先定义了大量简单类型。

4.3 XML Schema 中的类型

XML Schema 在描述 XML 文档的结构时最为突出的贡献就是它有更为丰富的数据类型。XML Schema 的数据类型使得元素和属性值的范围更为广阔。XML Schema 数据类型可以分成简单类型和复杂类型。

4.3.1 简单类型

元素既不包含子元素,又不包含属性,只含有文本内容,这样的元素内容在 XML Schema 中则属于简单类型。简单数据类型又可分为内置数据类型和自定义简单类型。

4.3.1.1 内置数据类型

在 W3C 的 XML Schema 规范中,有 44 个内置数据类型,它们可划分为七类,即数字类型、时间类型、XML 类型、字符串类型、布尔类型、URI 引用类型和二进制类型。表 4.1 按照分别列举了这七类内置数据类型中常用的几种。

表 4.1　　W3C XML Schema 主要数据类型

数据类型	描　述
string	字符串型
boolean	布尔型
decimal	代表任意精度的十进制数据
byte	-128 ~127 的整数
integar	一个整数,没有实际的范围限制
short	大小介于 -32768 ~32767 之间的整数
unsignedInt	0 ~4294967295 的整数
long	大小介于 -92237206854775808 ~92237206854775807 之间整数
float	表示单精度 32 位浮点数
double	表示双精度 64 位浮点数
time	24 小时制表示为 HH:MM:SS
date	代表日期和时间,格式为:YYYY - MM - DD
dateTime	一个日期和时间,格式为:日期后跟字母 T 和时间
hexBinary	代表十六进制数
ID	一个用于唯一标识元素
myType	对数据类型没有限制
anyURI	相对或绝对形式的 URI

XML Schema 中声明内置数据类型的元素语法为:

<xsd:element name = "元素名" type = "内置数据类型"/>

例如:

<xsd:element name = "color" type = "xsd:string"/>

再如:

<xs:element name = "日期" type = "xs:date"/>

XML Schema 中声明内置数据类型的属性语法为:

<xsd: attribute = "属性名" type = "内置数据类型"/>

<xs:attribute name = "出生日期" type = "xs:date"/>

4.3.1.2　自定义简单类型

<xs:element name = "电话" type = "xs:string"/>

<xs:element name = "邮编" type = "xs:string"/>

我们将“电话”和“邮编”两个元素定义为 string 类型,实际上这样定义并不完善,如果能指定“电话”元素的值是 11 位的手机号码或者是由区号加 8 位本地号组成的字符串,并且“邮编”元素的值只能由 6 位数字字符组成的字符串,则会更加精确。XML Schema 给我们提供了自定义简单类型来解决上述问题。自定义简单类型总是通过对一个已有

简单类型进行约束(restriction)派生出来的。自定义一个简单类型,并声明元素的语法如代码 4.7:

【代码 4.7】

```
<xsd:element name="元素名" type="自定义简单类型名">
<xsd:simpleType name="自定义简单类型名">
    <xsd:restriction base="现有类型名">
        … <!--约束面-->
    </xsd:restriction>
</xsd:simpleType>
```

我们使用"simpleType"元素来定义和命名新的简单类型,使用"restriction"元素对现有类型进行约束。"restriction"元素采用"base"属性指定新类型引自的基类型名,并且包含一个或若干个子元素,用于辅助进行派生限制,标识约束值范围的细节,我们称这些子元素为约束面。约束面共 12 个,分为 5 个类别,它们对现有类型进行约束与限制如表 4.2 所示:

表 4.2 约束面

类别	举例
模式限制	pattern
枚举限制	enumeration
范围限制	length、minLength、maxLength、maxInclusive、maxExclusive、minInclusive 和 minExclusive
处理空白限制	whiteSpace
十进制数字限制	totalDigits 和 fractionDigits

本节就其中最常用的几种进行举例说明。

我们分别用以下两行代码替换:

```
<xsd:element name="电话" type="电话类型"/>
<xsd:element name="邮编" type="邮编类型"/>
```

然后在插入以下代码 4.8 现"电话类型"和"邮编类型"两种简单类型。

【代码 4.8】

```
<xsd:simpleType name="电话类型">
    <xsd:restriction base="xsd:string">
<xsd:pattern value="\d{3,4}-\d{8}|\d{11}"/>
    </xsd:restriction>
</xsd:simpleType>
<xsd:simpleType name="邮编类型">
    <xsd:restriction base="xsd:string">
```

```
<xsd:pattern value="[0,9]{6}"/>
    </xsd:restriction>
</xsd:simpleType>
```

“电话类型”和“邮编类型”是自定义的简单类型，我们对它做如下限制：

<xsd:restriction base="xsd:string">代表它是基于一个字符串类型，是通过约束内置数据类型“string”而引出的，再用“pattern”约束面来描述该字符串的形式，其“value”属性的值“\d{3,4} - \d{8} | \d{11}”和“[0,9]{6}”是两个正则表达式。前者的语义为3个数字或者4个数字后面跟着一个连字号接着是8个数字，后者表示必须是6个数字。有关正则表达式的这里不再赘述。

4.3.2　复杂类型

前面介绍了使用内置数据类型和自定义简单类型声明简单元素的方法，简单元素不能包含子元素或属性，因而在实际应用中，用的较多的还是复杂元素。复杂元素按照内容(content)的复杂程度可以分为两类：简单内容元素(simpleContent)和复杂内容元素(compleContent)。content 是指包含在元素的开始标签和结束标签之间的内容，不包含属性。本节将说明复杂元素的定义规则，并具体介绍如何声明复杂元素的属性及其子元素。

4.3.2.1　声明 simpleContent 元素

simpleContent 元素是指内容中仅包含文本，不含子元素，但包含属性的复杂元素。可见，simpleContent 类型是在简单类型的基础上通过增加属性而派生出来的，这种类型派生方式不同于上节介绍的约束派生(restriction)，我们称其为扩展派生(extension)。

声明 simpleContent 元素的语法如代码 4.9 所示：

【代码 4.9】

```
<xsd:element name="元素名" type="类型名">
<xsd:complexType name="类型名">
    <xsd:simpleContent >
        <xsd:extension base="简单类型">
            <xsd:attribute name="属性名 1" type="属性类型"/>
            <xsd:attribute name="属性名 2" type="属性类型"/>
        </xsd:extension>
    </xsd:simpleContent>
</xsd:complexType>
```

其中：simpleContent 元素首先是一个复杂类型的元素，XML Schema 中声明一个元素为复杂类型使用关键字 complexType；约束一个复杂元素为 simpleContent 类型使用关键字 simpleContent；simpleContent 类型主要是通过扩展属性的方法来进行派生，使用“extension”元素的“base”属性指明要对哪个简单类型进行属性扩展，实际上，定义 simpleContent 最主要的任务就是声明属性。

4.3.2.2 声明属性

声明属性的语法为：<xs:attribute name="属性名" type="属性类型"/>
其中：attribute 关键字用于声明属性；name 标识属性名，type 指明该属性的类型。注意：属性类型只能是简单类型。

可以使用 use 关键字指定属性是否出现，use 有三种取值：optional（可以出现也可以不出现）、required（必须出现）和 prohibited（不能出现）。默认值是 optional。在下面的代码 4.10 中，属性"编号"必须出现，"电话"属性可选，"年龄"属性不能出现。

【代码 4.10】

```
<xsd:element name="联系人" type="联系人类型">
<xsd:complexType name="联系人类型">
    <xsd:simpleContent>
        <xsd:extension base="xsd:string">
            <xsd:attribute name="编号" type="xsd:integer" use="required"/>
            <xsd:attribute name="年龄" type="xsd:string" use="prohibited"/>
            <xsd:attribute name="电话" type="xsd:string" use="optional"/>
        </xsd:extension>
    </xsd:simpleContent>
</xsd:complexType>
```

实例元素可以是：<联系人 编号="007" 电话="13252100123">张三</联系人>，这里元素"联系人"是一个 simpleContent 元素，元素内容是 string 类型的文本，元素包含三个属性。

还可以使用 default 关键字为属性定义一个默认值。默认值是指在属性没有出现的情况下自动分配给此属性的值。default 只在 use 缺省或取值 optional 时使用才有意义。在下面的例子中，属性"language"的默认值为"EN"：

```
<xsd:attribute name="language" type="xsd:string" default="EN"/>
```

可以使用 fixed 关键字为属性指定一个固定值。固定值是指自动分配给此属性的值，并且你无法为其定义其他的值。在下面的例子中，属性"language"的固定值为"EN"：

```
<xsd:attribute name="language" type="xsd:string" fixed="EN"/>
```

4.3.2.3 声明 complexContent 元素

complexContent 元素是指元素内容中包含子元素，且包含属性的复杂元素。

声明 complexContent 元素的语法如下：

```
<xsd:element name="元素名" type="类型名">
    <xsd:complexType name="类型名">
        <xsd:complexContent>
            <xsd:restriction base="xsd:anyType">
```

```
        …<! --子元素声明-->
        …<! --属性声明-->
    </xsd:restriction>
  </xsd:complexContent>
</xsd:complexType>
```

其中:关键字 complexType 用于定义复杂类型,name 指明复杂类型的名称;complexContent 标记内部是子元素和属性的声明。complexContent 类型一般由 anyType 类型通过约束(restriction)派生而来。(注:anyType 是导出所有简单类型和复杂类型的基类型。一个 anyType 类型不以任何形式约束其包含的内容。以 anyType 为基类型,最常用的是约束派生而不是扩展派生,因为 anyType 是任意类型,对其进行扩展仍然是任意类型,这本身并没有多大意义。我们可以像使用其他类型一样使用 anyType,如:<xsd:element name="a" type="xsd:anyType"/>,用这个方式声明的元素是不受约束的。所以元素"a"的值可以为123,也可以为任何其他的字符序列,或者甚至是字符和元素的混合。实际上,anyType 是默认类型,所以上面的可以省略地写为:<xsd:element name="a"/>。)

XML Schema 中,当没有声明一个复杂类型是 simpleContent 还是 complexContent 时,默认的状态为 complexContent,并且以 anyType 为基类型,约束派生而来。因此,声明 complexContent 元素的语法可以简化为:

```
<xsd:element name="元素名" type="类型名">
<xsd:complexType name="类型名">
    …<! --子元素声明-->
    …<! --属性声明-->
</xsd:complexType>
```

一个 complexType 元素通常会包含多个子元素。XML Schema 提供了三种分组结构来指示子元素的顺序,它们是 all、sequence 和 choice。

all 分组:使用 all 定义的元素组,在组中所有的元素成员都可以出现一次或者根本不出现,而且元素能够以任何顺序出现。all 组只能出现在内容模型的最顶层,此外,all 元素组的成员必须是独立元素(不能包含 sequence 和 choice),在 all 元素定义的内容模型中的元素都不可以出现超过一次,也就是说元素的 minOccurs 和 maxOccurs 属性允许的值为"0"和"1"。例如代码 4.11 所示:

【代码 4.11】

```
<xsd:element name="test" type="testType"/>
<xsd:complexType name="testType">
    <xsd:all>
        <xsd:element name="a" type="xsd:string"/>
        <xsd:element name="b" type="xsd:string"/>
    </xsd:all>
```

```
</xsd:complexType>
```

表示元素“test”是“testType”类型，该元素可以包含的子元素是“a”和“b”，元素顺序任意，每个子元素至多出现一次。

sequence 分组：要求分组序列中的每个成员在实例文档中出现的顺序与定义的顺序相同。每个元素允许出现的次数由 element 的 minOccurs 和 maxOccurs 属性控制，如果没有给出 minOccurs 和 maxOccurs 属性，则缺省值为“1”。如代码 4.12 所示：

【代码 4.12】

```
<xsd:complexType name="testType">
    <xsd:sequence>
        <xsd:element name="a" type="xsd:string" minOccurs="0"
maxOcurrs="1"/>
        <xsd:element name="b" type="xsd:string" maxOcurrs="3"/>
        <xsd:element name="c" type="xsd:string"/>
    </xsd:sequence>
</xsd:complexType>
```

表示“testType”类型是一个复杂类型，在实例文档中，该类型的元素依次包含一个可选的子元素“a”，1 ~3 个子元素“b”以及一个子元素“c”。

此外，还可以将 minOccurs 和 maxOccurs 属性加到 sequence 元素中，从而指明序列重复的次数。如代码 4.13 所示：

【代码 4.13】

```
<xsd:complexType name="testType">
    <xsd:sequence minOccurs="1" maxOcurrs="3">
        <xsd:element name="a" type="xsd:string" />
        <xsd:element name="b" type="xsd:string"/>
        <xsd:element name="c" type="xsd:string"/>
    </xsd:sequence>
</xsd:complexType>
```

表示子元素序列“a”“b”“c”可以重复出现 1 ~3 次。

choice 分组：等价于 DTD 中的“|”。当子元素组合到 choice 中时，这些元素中只有一个元素必须在实例文档中出现。如代码 4.14 所示：

【代码 4.14】

```
<xsd:complexType name="testType">
    <xsd:choice>
        <xsd:element name="a" type="xsd:string"/>
        <xsd:element name="b" type="xsd:string"/>
        <xsd:element name="c" type="xsd:string"/>
```

```
    </xsd:choice>
</xsd:complexType>
```

表示"testType"类型是一个复杂类型,该类型的元素只能包含一个子元素,"a"或"b"或"c"。

"choice"元素本身也可以具有"minOccurs"和"maxOccurs"属性,用于确定可以进行多少次选择。例如:

```
<xsd:complexType name="testType">
    <xsd:choice minOccurs="1" maxOcurrs="3">
        <xsd:element name="a" type="xsd:string"/>
        <xsd:element name="b" type="xsd:string"/>
        <xsd:element name="c" type="xsd:string"/>
    </xsd:choice>
</xsd:complexType>
```

表示每次在子元素"a"、"b"和"c"中任选一个,可重复选择 1~3 次。

注意:all 只能包含对子元素声明,不能包含 choice 或者 sequence 元素,而 choice 和 sequence 元素则可以进一步包含 sequence 或者 choice 元素,例如:

```
<xsd:complexType name="testType">
    <xsd:sequence>
        <xsd:element name="a" type="xsd:string"/>
<xsd:choice>
            <xsd:element name="b" type="xsd:string"/>
            <xsd:element name="c" type="xsd:string"/>
</xsd:choice>
        <xsd:element name="d" type="xsd:string"/>
        <xsd:element name="e" type="xsd:string"/>
    </xsd:sequence>
</xsd:complexType>
```

以上介绍了仅含子元素的 complexContent 元素。下面是一个既含有子元素又含有属性的 complexContent 元素声明。如代码 4.15 所示:

【代码 4.15】

```
<xsd:element name="联系人" type="联系人类型">
<xsd:complexType name="联系人类型">
<xsd:sequence>
    <xsd:element name="姓名" type="xsd:string"/>
    <xsd:element name="电话" type="xsd:string"/>
<xsd:sequence>
```

```
<xsd:attribute name="编号" type="xsd:integer" use="required"/>
</xsd:complexType>
```

4.3.2.4 匿名复杂类型

使用 XML Schema,我们可以定义具有名称的复杂类型,如上述 testType 类型,然后声明元素,通过使用"type="这样的构造方法来应用该类型,具体如代码 4.16:

【代码 4.16】

```
<xsd:element name="test" type="testType"/>
<xsd:complexType name="testType">
    <xsd:all>
        <xsd:element name="a" type="xsd:string"/>
        <xsd:element name="b" type="xsd:string"/>
    </xsd:all>
</xsd:complexType>
```

这样,若干元素可使用同一个复杂类型定义。如果你定义的复杂类型只应用一次而且包含非常少的约束,则可以考虑将其定义为一个缺省了名称和外部引用开销的匿名类型。和简单类型定义中提到的匿名类型类似,新定义的复杂类型如果只需使用一次,也可以直接将类型定义置于元素声明之中,如代码 4.17 所示:

【代码 4.17】

```
<xsd:element name="test">
<xsd:complexType>
    <xsd:all>
        <xsd:element name="a" type="xsd:string"/>
        <xsd:element name="b" type="xsd:string"/>

</xsd:all>
</xsd:complexType>
</xsd:element>
```

4.3.2.5 声明混合内容的元素

XML Schema 还提供了描述混合内容元素的功能。如代码 4.18 所示,这个 XML 文档是一个客户信件片断,该文档包含了一些购买订单的元素:

【代码 4.18】

```
<letterBody>
<salutation>Dear Mr. <name>Smith</name>. </salutation>
Your order of <quantity>1</quantity> <productName>NokiaMobile</product-
Name>
shipped from our warehouse on
```

<shipDate>2008-05-01</shipDate>.

</letterBody>

其中，文本出现在元素 salutation、quantity、productName 和 shipDate 之间，这些元素都是 letterBody 的子元素。在 letterBody 孙子元素 name 旁边也有文本出现，letterBody 是一个具有混合内容的元素。在 XML Schema 中声明一个元素具有混合内容的方法很简单，只需在相应的 complexType 类型声明中增加一个值为 true 的"mix"属性即可。举例如代码 4.19 所示：

【代码 4.19】

```
<xsd:element name="letterBody">
  <xsd:complexType mixed="true">
    <xsd:sequence>
      <xsd:element name="salutation">
        <xsd:complexType mixed="true">
          <xsd:sequence>
            <xsd:element name="name" type="xsd:string"/>
          </xsd:sequence>
        </xsd:complexType>
      </xsd:element>
      <xsd:element name="quantity" type="xsd:positiveInteger"/>
      <xsd:element name="productName" type="xsd:string"/>
      <xsd:element name="shipDate"    type="xsd:date" minOccurs="0"/>
    </xsd:sequence>
  </xsd:complexType>
</xsd:element>
```

4.3.2.6　声明空内容元素

XML Schema 还可以声明内容为空的元素，即元素中不能包含任何子元素或者已解析的数据，但允许包含属性。为了实现内容为空的元素类型，我们只需定义一个元素，规定它只能包含子元素而不能包含元素内容，然后又不为其定义任何子元素即可。下面举代码 4.20 为例：

【代码 4.20】

```
<xsd:element name="test">
  <xsd:complexType>
    <xsd:complexContent>
      <xsd:restriction base="xsd:anyType">
        <xsd:attribute name="a" type="xsd:integer"/>
        <xsd:attribute name="b" type="xsd:string"/>
```

```
            </xsd:restriction>
        </xsd:complexContent>
    </xsd:complexType>
</xsd:element>
```

或者简化为:

```
<xsd:element name="test">
    <xsd:complexType>
        <xsd:attribute name="a" type="xsd:integer"/>
        <xsd:attribute name="b" type="xsd:string"/>
    </xsd:complexType>
</xsd:element>
```

代码 4.20 中,我们定义了一个匿名复杂类型,但是没有声明任何子元素,只有两个属性声明。使用这种方法声明的"test"元素即为空元素。在实例 XML 文档中,"test"元素将以 <test a="1" b="xy"/>或者 <test a="1" b="xy"></test>的形式出现。

声明一个没有任何属性的空元素则更加简单:

```
<xsd:element name="test">
    <xsd:complexType/>
</xsd:element>
```

4.4 全局声明与 ref 引用

XML Schema 中,元素和属性有全局声明和局部声明的区别。全局声明是指直接处于 XML Schema 文档根元素"schema"下的声明,即位于文档的顶级层次的元素或属性声明。局部声明是指处于文档的非顶级层次的元素或属性声明,即位于复杂类型定义内的声明。"schema"根元素的直接子元素就是全局元素或全局属性。

在其他声明中可以引用全局元素或全局属性,而局部元素或局部属性只能存在于它们自己的局部范围内。任何两个全局元素都不能有相同的元素名。但是局部声明如果是在不同的上下文中,则不会产生冲突,甚至可以在局部覆盖一个全局声明。

若一个元素为全局元素,则该元素可以在 XML 实例文档中以顶级元素出现,并且全局元素或者全局属性可以使用"ref"属性在一个或多个声明中引用。

代码 4.21 是一个 XML Schema 的综合举例。代码 4.22 则是一种更加清晰的设计方法,即首先对所有元素和属性进行定义,然后再使用 ref 关键字来引用它们。

【代码 4.21】

```
<?xml version="1.0" encoding="GB2312"?>
<xsd:schema xmlns:xsd="http://www.w3.org/2001/XMLSchema">
    <xsd:element name="联系人">
```

```
    <xsd:complexType>
        <xsd:sequence>
            <xsd:element name="姓名">
    <xsd:complexType>
        <xsd:simpleContent>
          <xsd:extension base="xsd:string">
            <xsd:attribute name="编号" type="xsd:integer" use="required"/>
            <xsd:attribute name="年龄" type="xsd:string" use="required"/>
          </xsd:extension>
        </xsd:simpleContent>
      </xsd:complexType>
        </xsd:element>
<xsd:element name="电话" type="xsd:string"/>
        <xsd:element name="地址">
          <xsd:complexType>
            <xsd:sequence>
              <xsd:element name="街道" type="xsd:string"/>
              <xsd:element name="城市" type="xsd:string"/>
              <xsd:element name="省份" type="xsd:string"/>
              <xsd:element name="邮编" type="xsd:string"/>
          </xsd:sequence>
        </xsd:complexType>
      </xsd:element>
    </xsd:sequence>
  </xsd:complexType>
</xsd:element>
</xsd:schema>
```

【代码4.22】

```
<?xml version="1.0" encoding="GB2312"?>
<xsd:schema xmlns:xsd="http://www.w3.org/2001/XMLSchema">
<!--简单元素的定义-->
<xsd:element name="电话" type="xsd:string"/>
<xsd:element name="街道" type="xsd:string"/>
<xsd:element name="城市" type="xsd:string"/>
<xsd:element name="省份" type="xsd:string"/>
<xsd:element name="邮编" type="xsd:string"/>
```

```
<! - - 属性的定义 - - >
<xsd:attribute name = "编号" type = "xsd:integer"/>
<xsd:attribute name = "年龄" type = "xsd:string"/>
<! - - 复杂元素的定义 - - >
<xsd:element name = "姓名" >
<xsd:complexType >
<xsd:simpleContent >
    <xsd:extension base = "xsd:string" >
        <xsd:attribute ref = "编号" use = "required"/>
        <xsd:attribute ref = "年龄" use = "required"/>
    </xsd:extension >
</xsd:simpleContent >
</xsd:complexType >
</xsd:element >
<xsd:element name = "地址" >
    <xsd:complexType >
        <xsd:sequence >
            <xsd:element ref = "街道"/>
            <xsd:element ref = "城市"/>
            <xsd:element ref = "省份"/>
            <xsd:element ref = "邮编"/>
            </xsd:sequence >
        </xsd:complexType >
    </xsd:element >
<xsd:element name = "联系人" >
    <xsd:complexType >
        <xsd:sequence >
            <xsd:element ref = "姓名" >
<xsd:element ref = "电话"/>
            <xsd:element ref = "地址"/>
</xsd:sequence >
    </xsd:complexType >
</xsd:element >
</xsd:schema >
```

4.5　名称空间

【代码 4.23】

```
<? xml version = "1.0" encoding = "UTF-8"? >
<我的电脑>
    <存储设备>
        <容量>512MB</容量>
        <容量>160GB</容量>
    </存储设备>
</我的电脑>
```

如代码 4.23 所示,“我的电脑”包括内存和硬盘两个元素,这两个元素都包括容量这个属性。当这两个元素统称为存储设备时,内存设备要用到两容量属性,这时容量属性就会出现冲突,不知道具体是哪一个容量属性。在相同的作用域当中,如果有两个元素或属性的名字完全相同,就会出现冲突。

解决此次冲突的方法很多,我们首先想到的是给其中一个 <容量> 换个名称来解决冲突。然而在使用多个 DTD 或者 Schema 时,名称冲突就显得很严重了。因此,W3C 提出了使用“命名空间(NameSpace)”避免名称冲突的的解决方案。W3C 对命名空间的定义是:XML 命名空间提供了一套简单的方法,将 XML 文档和 URI 引用标记的名称相结合,来限定其中的元素和属性名。也即命名空间给 XML 名称添加前缀,使其能够区分所属的领域,从而为元素和属性提供唯一的名称,其最重要的用途是用于融合不同词汇集的 XML 文档。

命名空间的声明方法为:

xmlns = "namespaceURI"

或者

xmlns:某前缀 = "namespaceURI"

“xmlns =”和“xmlns:某前缀 = "为命名空间声明,等号后面以引号括起的值,必须是一个统一格式资源标识符(URL),用来代表名称空间所属的领域。第一种是默认命名空间声明,第二种是显式命名空间声明。

因此代码 4.23 中元素 <容量> 名称冲突的问题可以用名称空间方法解决。如代码 4.24 所示:

【代码 4.24】

```
<? xml version = "1.0" encoding = "UTF-8"? >
<我的电脑 xmlns = "harddisk" xmlns:mem = "memery" >
    <存储设备>
        < mem:容量>512MB</mem:容量>
```

```
        <容量>160GB</容量>
    </存储设备>
</我的电脑>
```

4.5.1 与 XML Schema 相关的名称空间

XML Schema 技术规范定义了在编写和使用 XML Schema 时必须使用名称空间。这些固定的名称空间可以帮助 XML 处理程序正确识别 XML Schema 的特有词汇和语法并能够按照 XML Schema 的定义来验证 XML 文档。

XML Schema 的相关元素必须属于名称空间 http://www.w3.org/2001/XMLSchema，如代码 4.25 所示：

【代码 4.25】通过名称空间标记 XML Schema 元素(country.xsd)：

```
<?xml version="1.0" encoding="UTF-8"?>
<xs:schema xmlns:xs="http://www.w3.org/2001/XMLSchema">
<xs:complexType>
  <xs:sequence>
<xs:element name="country" type"xs:string" minOccurs="1" maxOccurs="un-
bounded"/>
</s:sequence>
</s:complexType>
</xs:shema>
```

通常名称空间 http://www.w3.org/2001/XMLSchema 用前缀 xs 或 xsd 代表。由于名称空间是由 URI 来表示，前缀并没有特殊意义，在一些 XML Schema 实例中，也能看到直接把 http://www.w3.org/2001/XMLSchema 做为默认的名称空间的情况。

实例文档必须使用名称空间 http://www.w3.org/2001/XMLSchema-instance 加以标识。通常，实例文档的名称空间前缀用 xsi 表示。代码 4.26 展示了一个简单的实例文档。

【代码 4.26】实例文档使用名称空间：

```
<?xml version="1.0" encoding="UTF-8"?>
<countries xmlns:xsi="http://www.w3.org/2001/XMLSchema-instance"
Xsi:noNamespaceSchemaLocation="coutry.xsd">
<country>Canada</country>
<country>China</country>
<country>United States</country>
</countries>
```

4.5.2 XML Schema 的引用方法

当引用 XML Schema 时，可以分为以下两种情况，在 XML 文档采用不同属性，分别引入 XML Schema。

(1)xsi:noNamespaceSchemaLocation

当 XML 文档的根元素不属于任何名称空间时,属性 xsi:noNamespaceSchemaLocation 就被用于指定 XML Schema 的来源。属性 xsi:noNamespaceSchemaLocation 的值是 XML Schema 的 URL。XML 文档的根元素含有如下属性:

```
<countries xmlns = "http://www.w3.org/2001/XMLSchema - instance"
xsi:noNamespaceSchemaLocation = "country.xsd">
```

在根元素中,属性 xsi:noNamespaceSchemaLocation 用于指向一个实际的 XML Schema,并且它本身属于 http://www.w3.org/2001/XMLSchema - instance 名称空间。

代码 4.26 是一个结构非常简单的实例文档。下面分别是一个结构稍微复杂的实例文档代码 4.27 和与之对应的 XML Schema 代码 4.28。比较两组实例文档和 XML Schema,可以发现不论实例文档的结构复杂还是简单,在实例文档中引用 XML Schema 的方式都是一致的。

【代码 4.27】一个结构复杂的实例文档:

```
<? xml version = "1.0" encoding = "UTF - 8"? >
<olympic
http://www.w3.org/2001/XMLSchema - instance
xsi:noNamespaceSchemaLocation = "olympic.xsd">
  <results years = "2008" city = "beijing">
    <coutry code = "CHN" name = "China" rank = "1" gold = "51"/>
    <coutry code = "USA" name = "United States" rank = "2" gold = "36"/>
    <coutry code = "RUS" name = "Russia" rank = "3" gold = "27"/>
</results>
</olympic>
```

【代码 4.28】一个用于验证含有复杂结构的实例文档的 XML Schema(olympic.xsd):

```
<? xml version = "1.0" encoding = "UTF - 8"? >
<xs:schema xmlns:xs = " http://www.w3.org/2001/XMLSchema">
  <xs:element name = "olympic">
    <xs:complexType>
      <xs:sequence>
        <xs:element maxOccurs = "unbounded" minOccurs = "1" name = "results">
          <xs:complexType>
            <xs:sequence>
              <xs:element maxOccurs = "unbounded" minOccurs = "1" ref = "country"/>
            </xs:sequence>
          <xs:attributeGroup ref = "results_attributes"/">
```

```
            </xs:complexType>
        </xs:element>
    <xs:element name="country">
      <xs:complexType>
        <xs:attributeGroupe ref="country_attributes"/>
      </xs:complexType>
    </xs:element>
      <xs:attributeGroupe ref="country_attributes">
        <xs:attribute name="year" type="xs:integer" use="required"/>
        <xs:attribute name="city" type="xs:string" use="required"/>
      </xs:attributeGroupe>
      <xs:attributeGroupe ref="country_attributes"/>
          <xs:attribute name="code" type=" xs:string" use="required"/>
          <xs:attribute name="name" type="xs:string" use="required"/>
          <xs:attribute name="rank" type="xs:integer" use="required"/>
          <xs:attribute name="gold" type=" xs:integer" use="required"/>
      </xs:attributeGroupe>
    <xs:schema>
```

(2)xsi:schemaLocation

当 XML 文档的根元素属于特定的名称空间时,就需要用到 xsi:schemaLocation 属性来制定 XML Schema 的来源,并且在 XML Schema 和 XML 文档中同时需要做出一定修改。名称空间在 XML Schema 中必须通过属性 targetNamespace 加以说明。修改以后 XML Schema 如代码 4.29 所示:

【代码 4.29】一个用于校验根元素属于名称空间的实例文档 XML Schema (country_ns.xsd):

```
<?xml version="1.0" encoding="UTF-8"?>
<xs:schema xmlns:xs=" http://www.w3.org/2001/XMLSchema"
targetNameSpace="http://ayit.test/xml/demos">
<xs:element name="countries">
  <xs:complexType>
<xs:sequence>
  <xs:element name="country" type="xs:string"
maxOccurs="1" minOccurs=" unbounded"/>
</xs:sequence>
<xs:complexType>
</xs:element>
</xs:schema>
```

4.6 实训

编写一个描述公司员工信息的 Schema 文档,包括员工 ID、公司名、身体状况等信息,身体状况包括身高、体重等信息,并生成 XML 文件。

实训步骤:

1. 编写 Schema 文档
2. 使用 XMLSPY 生成 XML 文件

4.7 小结

本章介绍了 Schema 的相关内容。Schema 可用于对各种 XML 文档进行类型说明,它提供一套完整的机制来约束 XML 文档的结构。Schema 本身就是使用 XML 进行定义,与 XML 文档保持了一致性,同时 Schema 具备了良好的扩展性。本章介绍了如何声明 XML 元素,包括一般的简单元素、复杂元素以及如何对元素进行限制。描述了全局元素与局部元素的关系,还介绍了属性声明的一般方法以及对属性进行限制的方法。

习题 4

1. 比较 DTD 与 Schema 的异同。
2. 建立下图所示结构的 Schema 文档。

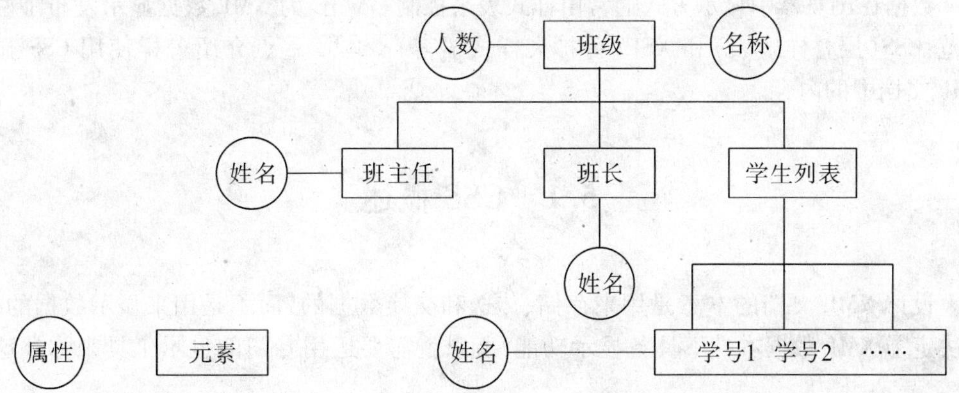

第五章 XML 与样式表

主要内容

- ▶ XML 关联 CSS
- ▶ 标记名称与样式表名称
- ▶ 设置文本显示方式
- ▶ 设置字体相关属性
- ▶ 设置文本样式
- ▶ 设置边框
- ▶ 设置颜色及背景
- ▶ 设置鼠标显示形状

难点

- ▶ XML 关联 CSS 的应用
- ▶ 设置文本显示方式

通过前面几章的学习,了解到在 XML 文档中只包含了数据信息,并没有关于显示数据样式的信息。然而,在实际应用中,XML 数据的最终使用方式由应用程序(如浏览器)来完成,而浏览器不能直接显示 XML 文档中的数据。如果想让浏览器显示 XML 文档中的标记的文本内容,必须以某种方式告诉浏览器如何显示。

数据在浏览器中显示方式通常由样式表来控制。W3C 为 XML 数据显示发布了两个规范:CSS(层叠样式表)和 XSL(可扩展样式语言)。本章重点介绍怎样使用 CSS 显示 XML 文档中的内容。

5.1 CSS 概述

设计 XML 文档的本意是用来存储、传送和交换数据的,而不是用来显示数据的,这就决定了 XML 数据本身不具备显示功能,所以就需要运用专门的显示工具来弥补这个缺憾。

5.1.1 什么是 CSS

CSS(Cascading Style Sheets,层叠样式表或级联样式表)是 W3C 于 1996 年发布的一个样式控制语言,它使用简单的规则(role)来控制 HTML 元素在浏览器中的显示方式。

CSS 并不是一种程序设计语言，而只是一种用于网页排版的标记性语言，其全部信息都是以纯文本的形式存在一个文档中，因此可以使用任何一种文本编辑工具进行编辑。

CSS 现有两个不同层次的标准，CSS1 和 CSS2。

CSS1（CSS Level 1）是 CSS 的第一层次标准，它正式发布于 1996 年，后来在 1999 年进行了修订。该标准提供了简单的样式表机制，使得网页的制作者可通过附属的样式对 HTML 文档表现进行描述。

CSS2（CSS Level 2）1998 年被正式作为标准发布。CSS2 基于 CSS1，包含了 CSS1 所有的特色和功能，并且在多个领域进行了完善。通过将控制显示的文档和保存数据的文档进行分离，CSS2 简化了 Web 编写和网站的维护。CSS2 还支持多种媒体样式表，用户可以根据不同的输出设备为 XML 数据文档定制不同的显示样式。

其实，CSS 制定之初的服务对象并不是 XML，它最初是针对 HTML 提出的样式表语言，不过 CSS 同样可以很好地应用于描述 XML 文档的表现。相对于 XSL（eXtensible Stylesheet Language，可扩展样式表语言）技术而言，采用 CSS 来显示 XML 文档还是有局限性的。CSS 对于浏览器如何安排 XML 元素的显示提供了高度的控制权，但它并不能对 XML 文档中的内容进行自由的选择输出，也不能重新安排这些内容的输出顺序。还有，在 CSS 中也不允许访问 XML 文档中的实体、处理指令以及其他组件，更不能处理这些组件中所包含的信息。

5.1.2　CSS 语法

5.1.2.1　CSS 语法的基本格式

在 CSS 中，最重要的概念是样式表。样式表就是一组规则，通过这组样式规则来告诉浏览器怎样显示文本，例如，告诉浏览器使用什么样的字体、颜色等来显示文本。

样式表的格式如下：

样式表名称

{ 样式规则 }

其中，样式表名称用来指定该规则所适用的元素，由一个或多个元素名或特定的标识构成；紧跟其后的是用花括号“{ }”括起来的样式规则是由若干个用分号分隔的“属性名：属性值”，用来对样式表名称所指定的元素设置具体的显示样式。

注意：花括号中的每一个属性名与相应的属性值之间须用冒号“：”分隔；而各对属性之间则须用分号“；”隔开。例如

```
student
{display:block;font-size:14px;font-weight:bold}
```

该样式规则将 student 元素的显示格式设置为：按块方式显示、字体大小为 14 像素、字体加粗。

5.1.2.2　CSS 中的注释

在样式表文件中可以包含注释语句。适当的注释语句不仅可以使源文件清晰，具备良好的可读性，还能为后续的修改提供参考。注释语句示例：

```
/* this css filename:student.css */
```

其中以斜线加上星号"/＊"作为注释开始,以星号加斜线"＊/"作为注释结束,在这两个特定标记之间可以输入任何想要说明的文字。

5.1.2.3　CSS 中大小写

对于 IE 浏览器而言,CSS 中字母的大小写是不加区分的。但当 CSS 应用于 XML 文档时,由于 XML 文档区分大小写,忽略字母的大小写将会带来一定的问题。如果想使用 CSS 来显示 XML 文档,就应该让文档中各种元素的名称都完全不同,而不仅仅是字母大小写的不同。

5.1.2.4　CSS 属性的继承性

通常情况下,在 CSS 中为某个元素所设置的显示格式属性会影响到该元素所包含的所有子元素,除非这些子元素重新设置了不同的格式属性。有了这种继承性之后,在设计样式表时,可以先为顶层元素设置显示格式,然后再继续设置其中所包含子元素的格式,只需要对子元素的特定格式进行调整即可。这种设置可以大大减少代码量,从而将不必要的属性设置减少到最低。当然,并不是所有属性都具有继承属性,在一些情况下所设置的显示属性将不能被子元素所继承。

5.1.3　CSS 与 XML 结合使用

在 XML 中使用 CSS 样式有两种方式:一种是引入式,就是把 CSS 代码做成独立的文件,引入到 XML 中;一种是嵌入式,就是把 CSS 代码直接放到 XML 中。

5.1.3.1　在 XML 中引入 CSS 文件

XML 文档本身不含有样式信息,而通过引用外部独立的 CSS 文件来定义文档的表现形式。大部分 XML 文档都采用这种方式,这也与 XML 语言数据与表示相分离的原则相一致。具体实现的方法是,将 CSS 定义的样式独立存储为一个文件,而在 XML 文档的开头部分来指定所引用的 CSS 文件。这需要在 XML 文档序言后加写一条关于样式表的声明语句,基本语法格式如下:

<? xml - stylesheet href = "样式表的 URI" type = "text/css"? >。

上述语句实际是 XML 文档中的 PI 指令,其中的关键字 xml - stylesheet 指定本 XML 文档所引用的是外部 CSS 文件,各参数说明如下:

href 属性:指定外部 CSS 文件路径,可以是通过网址标识的 CSS 文件路径,也可以是具体的磁盘文件路径。

type 属性:指出所使用的样式表种类,CSS 样式表则为"text/css"。

这样一来,按照以上声明语句的指示,该 XML 文档在浏览器上的表现方式就由指定的样式表所决定。

下面的[例 5.1]中有一个 XML 文件 book.xml 和一个 CSS 文件 one - css.css,book.xml 和 one - css.css 相关联,并与其保存在相同的目录中。用浏览器打开 book.xml 的效果如图 5.1 所示。

例 5. 1

book. xml

```
<? xml version = "1. 0"  encoding = "UTF - 8"  ?  >
<? xml - stylesheet href = " one - css. css"  type = " text/css"  ?  >
<booklist >
    <book >
        <title > XML 程序设计 </title >
        <author > 耿祥义,张跃平 </author >
        <price > 25. 00 </price >
    </book >
    <book >
        <title > XML 实用技术教程 </title >
        <author > 顾兵 </author >
        <price > 25. 00 </price >
    </book >
    <book >
        <title > XML 实践教程 </title >
        <author > 张银鹤 </author >
        <price > 39. 00 </price >
    </book >
</booklist >
```

one - css. css

```
booklist
{   display:block;font - size:18pt;font - weight:bold
}
title
{   display:line;font - size:12pt;font - style:italic
}
author
{   display:line;font - size:10pt;font - weight:bold
}
price
{   display:line;font - size:10pt;font - weight:bold
}
```

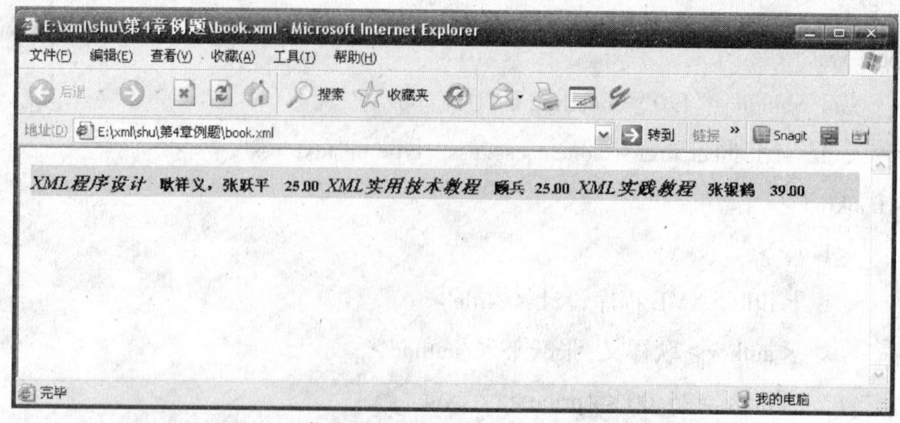

图 4.1 浏览器中打开 book. xml 显示效果图

5.1.3.2 在 XML 中嵌入 CSS 代码

将 CSS 样式规则直接嵌入到 XML 文档内部，如果想要在 XML 文档中直接使用样式，那么就需要用到 STYLE 属性，并在属性值中给出对其样式的定义。

例 5.2 中，将 CSS 样式嵌入到 XML 文档中，需要在 XML 文档中加入一条处理指令说明使用内嵌的 CSS 样式。在例 5.2 中 booklist. xml 文档的第二行，在该文档的第三行处还需添加 XHTML 默认的名称空间，第 4 ~ 17 行的 <HTML:STYLE> 标记中嵌入的就是 CSS 样式语法。该文档最后在浏览器中显示结果和例 5.1 一致。

例 5.2

booklist. xml

```
<? xml version = "1.0" encoding = "UTF - 8" ? >
<? xml - stylesheet type = "text/css" ? >
<booklist xmlns:HTML = "http://www.w3.org/Profiles/XHTML - transitional" >
<HTML:STYLE>
booklist
{  display:block;font - size:18pt;font - weight:bold;background - color:#ffcc99
}
title
{  display:line;font - size:12pt;font - style:italic
}
author
{  display:line;font - size:10pt;font - weight:bold
}
price
{  display:line;font - size:10pt;font - weight:bold
}
</HTML:STYLE>
```

```
    <book>
        <title>XML 程序设计</title>
        <author>耿祥义,张跃平</author>
        <price>25.00</price>
    </book>
    <book>
        <title>XML 实用技术教程</title>
        <author>顾兵</author>
        <price>25.00</price>
    </book>
    <book>
        <title>XML 实践教程</title>
        <author>张银鹤</author>
        <price>39.00</price>
    </book>
</booklist>
```

5.1.4　标记名称与样式表名称

CSS 中的样式表负责告诉浏览器 XML 文档中标记包含文本数据的显示外观，为此，样式表的名称必然要和 XML 文件中标记的名称建立某种联系。

对于 XML 文件，样式表中的“样式表名称”可以是标记的名称，也可以是标记的名称与该标记的 ID 属性值用“#”连接起来的字符串。

当 XML 有许多标记具有相同的名字，如果准备使用不同的外观来显示它们的内容时，“样式表名称”使用标记的名称与该标记的 ID 属性值用“#”连接起来的字符串来进行区分，例如：假设 XML 文件中有两个标记的名称都是 student，XML 文件可以以这两个名字相同的标记 student 标记指定不同的 ID 属性值：

```
<student ID="001">张三</student>
<student ID="002">李四</student>
```

然后让对应的 CSS 文件中含有如下的两个样式表：

```
student#001
{  display:block;font-size:18pt;font-weight:bold
}
student#002
{  display:line;font-size:12pt;font-weight:bold
}
```

如果有多个标记的内容需要用完全一样的外观来显示，“样式表名称”也可以是这些标记的名称用逗号分隔的字符串。例如,XML 文件中名称是 name,sex,birth 的标记想用相同的外观显示各自的文本数据,那么对应的 CSS 文件中就可以有如下的样式表:

```
name,sex,birth
{  display:block;font-size:24pt;font-weight:bold
}
```

5.2 CSS 中属性设置

5.2.1 设置文本的显示方式

文本显示方式,就是在 XML 文档中该文本以什么样的方式显示。元素的 display 属性控制了浏览器显示该元素文字的基本方法。该属性的格式如下:样式表名称{display:属性值;}。display 属性的值有以下四种方式。

(1)block,将元素内容以块方式显示,通过换行与其他元素分开显示。例如:name{display:block},则元素 name 的内容使用块区域显示,块的位置默认左对齐,块的大小依赖于需要显示的文本中字符的数量、字符的大小以及当前浏览器显示区域的大小。

可以通过使用 width、height 和 position 属性来设置块区域的宽度、高度和位置。例如:

name{display:block;position:absolute;width=220;height=120}

(2)line,将元素内容以行方式显示。例如:name{display:line},以它作为属性值的元素内容在使用中前后不会出现换行,只会在当前的行内加入新的内容作为原来内容的补充和延伸。如果当前行放不下才会在下一行中显示。

(3)list-item,将元素内容以列表方式显示。例如:name{display:list-item;list-style-type:square} name 元素的内容将以列表方式显示,其中的 list-style-type 属性可以配合 list-item 属性值一起使用,通过设置 list-style-type 属性的值,可以更改列表序号的外观,其默认值是 disc,即列表序号外观以实心圆形式。

list-style-type 属性可取的属性值有以下几种:

- ▶ disc:实心圆。
- ▶ circle:空心圆。
- ▶ square:方块。
- ▶ decimal:十进制数。
- ▶ lower-roman:小写罗马数字。
- ▶ upper-roman:大写罗马数字。
- ▶ lower-alpha:小写英文字母。
- ▶ upper-alpha:大写英文字母。

(4)none,隐藏元素,使元素内容在页面中不可见。

四种显示方式之间可以进行嵌套，如在块方式下放置行或列表方式。

例 5.3 中，标记 poem，name，writer 的内容的显示方式都是块区域显示；标记 content 的内容显示方式是列表方式，并且项目符号采用实心圆。example 5 - 3. xml 浏览器中显示效果如图 5.2 所示。

例 5.3

example 5 - 3. xml

```
<? xml version = "1.0" encoding = "UTF-8" ? >
<? xml-stylesheet href = "two-css.css" type = "text/css" ? >
<poem>
    <name>望庐山瀑布</name>
    <writer>唐-李白</writer>
    <content>日照香炉生紫烟</content>
    <content>遥看瀑布挂前川</content>
    <content>飞流直尺三千尺</content>
    <content>疑是银河落九天</content>
</poem>
```

two - css. css

```
poem,name,writer
{ display:block;text-align:center
}
content
{display:list-item;list-style-type:disc}
```

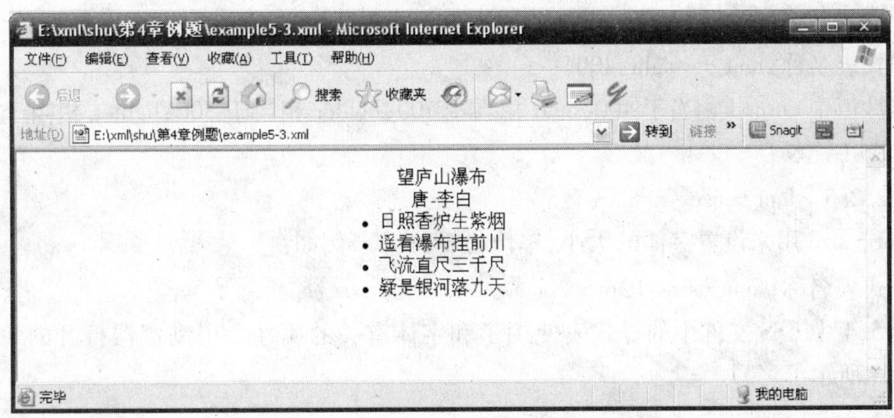

图 5.2　example 5 - 3. xml 显示效果

5.2.2 设置字体

样式表中与字体有关的属性包括：font - family，font - style，font - variant，font - weight，font - size。

5.2.2.1 font - family

font - family 用来设置字体的类型，实际上就是字体的名称，该属性的默认值是浏览器确定的默认字体名称，比如“宋体”，如果名称中有空格，属性值必须用双引号括起来，例如：

样式表名称{font - family：宋体}

样式表名称{font - family："Times New Roman"}

5.2.2.2 font - style

font - style 用来设置字体的风格，是否使用斜体，该属性值可以是 normal（正常形式的）或 italic（斜体形式的），其中默认值是 normal。例如：

样式表名称{font - style：normal}

样式表名称{font - style：italic}

5.2.2.3 font - variant

font - variant 用来设置是否使用小体的大写字母来显示文字，该属性值有：normal（正常小写字母）和 small - caps（小体大写字母），其中默认值是 normal。例如：

样式表名称{font - variant：small - caps}

5.2.2.4 font - weight

font - weight 用来设置字体线条的粗细，该属性的默认值是 normal。该属性能取得属性值如下：normal、bold、bolder、lighter、100、200、300、400、500、600、700、800、900。例如：

样式表名称{font - weight：bolder}

样式表名称{font - weight：400}

属性值中 normal 相当于 400，bold 相当于 700，bolder 相当于 500，lighter 相当于 300，900 是最粗字体。

5.2.2.5 font - size

font - size 用来设置字体的大小，单位为 pt（磅）。例如：

样式表名称{font - size：12pt}

例 5.4 中 CSS 文件中的样式表使用了和字体有关的属性。用浏览器打开的效果图如图 5.3 所示。

例 5.4

example 5 - 4. xml

```
<? xml version = "1.0" encoding = "UTF - 8" ? >
<? xml - stylesheet href = "three - css. css" type = "text/css" ? >
<yingpianmulu>电影列表
```

```
    <yingpian>
        <pianming>英雄</pianming>
        <zhuyan>李连杰、梁朝伟、张曼玉</zhuyan>
        <daoyan>张艺谋</daoyan>
        <jianjie>战国时期武林人士刺杀秦王的经历</jianjie>
    </yingpian>
    <yingpian>
        <pianming>霍元甲</pianming>
        <zhuyan>李连杰</zhuyan>
        <daoyan>于仁泰</daoyan>
    <jianjie>他令中国武术得以抬头,他令中国武德征服世界……</jianjie>
    </yingpian>
</yingpianmulu>
```

Three-css.css

```
yingpianmulu
{ display:block;font-family:楷体_GB2312;font-style:italic;
font-weight:600;background-color:rgb(229,227,226);
}
yingpian
{ display:list-item;
    list-style-type:decimal;
    margin-left:25;
    font-size:12pt;color:blue;
    font-family:黑体;
    font-weight:300;}
pianming,zhuyan,daoyan,jianjie
{display:list-item;
    list-style-type:disc;
    margin-left:35;
    font-size:10pt;
    font-family:宋体;
    font-weight:300;
    font-style:normal}
```

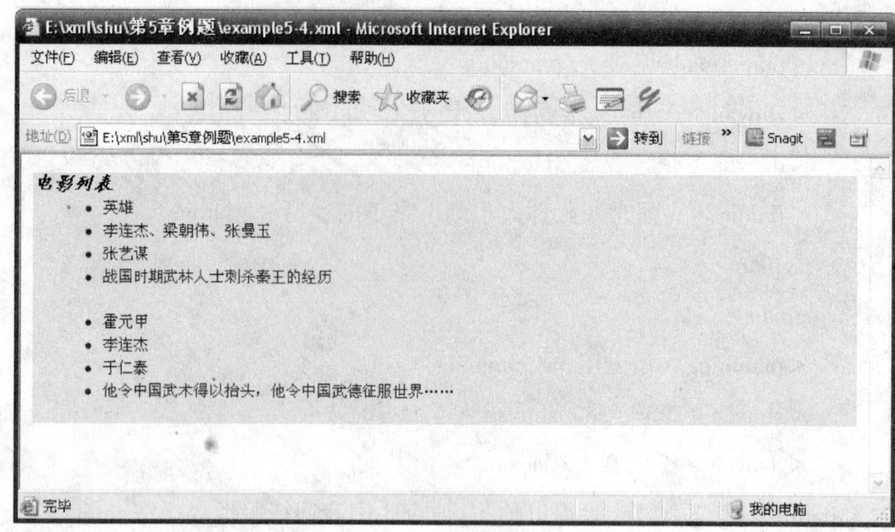

图 5.3　example 5 - 4. xml 在浏览器中打开的显示效果

5.2.3　设置文本样式

CSS 的文本样式属性包括对网页中文字和字符的修饰、转换、排列、行距和段落编排等等。其属性分别为 text - align、text - indent、text - transformt、text - decoration、vertical - align、line - height。每个属性取值情况如下所示：

5.2.3.1　text - align

text - align 用来设置文本的对齐方式，该属性有以下几个属性值：left（左对齐）、right（右对齐）、center（居中对齐）、justify（两端对齐），其中默认值是 left。例如：

样式表名称{text - align:center}

5.2.3.2　text - indent

text - indent 用来设置文本首行的缩进量，单位是 px（像素）或者 pt（磅），默认值为 0。例如：

样式表名称{ text - indent:12pt}

5.2.3.3　text - transformt

text - transformt 用来设置字母的大小写转换，该属性有以下几个属性值：uppercase（字母全部大写显示）、lowercase（字母全部小写显示）、capitalize（单词首字母大写）、none（不进行大小写转换），默认值是 none。例如：

样式表名称{text - transformt:lowercase}

5.2.3.4　text - decoration

text - decoration 用来设置文本的一些相关特性，增加一些修饰，如加下划线等。该属性有以下几个属性值：none（没有效果）、underline（下划线）、overline（上划线）、line - through（删除线）、blink（闪烁），默认值是 none。例如：

样式表名称{text - decoration:underline}

5.2.3.5 vertical - align

vertical - align主要用来设置文本的垂直对齐方式,该属性有以下几个属性值:baseline(表示把元素的基线与其父元素的基准线对齐)、sub(使元素成为下标)、super(使元素成为上标)、top(使元素的顶端与此行上最高字母或元素的顶部对齐)、text - top(使元素的顶端与父元素字体的顶端对齐)、middle(使元素的垂直中心与父元素的基线加上x - height的一半对齐)、bottom(使元素的底部与此行上最低字母或元素的底部对齐)、text - bottom(使元素的底部与父元素字体的底部对齐),默认值是middle。例如:

样式表名称{vertical - align:sub}

5.2.3.6 line - height

line - height用来设置文本之间的行距,可用绝对数字、绝对长度或字号的百分数来表示,默认值为1。例如:

样式表名称{line - height:2}

例5.5中的CSS文件中使用了与文本样式相关的属性,用浏览器打开example 5 - 5.xml的效果图如图5.4所示。

例5.5

example 5 - 5.xml

```
<?xml version="1.0" encoding="UTF-8"?>
<?xml-stylesheet href="four-css.css" type="text/css"?>
<CATALOG>
<TITLE>五言绝句</TITLE>
<POETRY>
    <TITLE>静夜思</TITLE>
    <AUTHOR>李白</AUTHOR>
    <CONTENT>
        <VERSE>床前明月光,疑是地上霜。</VERSE>
        <VERSE>举头望明月,低头思故乡。</VERSE>
    </CONTENT>
</POETRY>
<POETRY>
    <TITLE>登鹳雀楼</TITLE>
    <AUTHOR>王之涣</AUTHOR>
    <CONTENT>
        <VERSE>白日依山尽,黄河入海流。</VERSE>
        <VERSE>欲穷千里目,更上一层楼。</VERSE>
    </CONTENT>
</POETRY>
```

```
 < POETRY >
     < TITLE > 相思 </TITLE >
     < AUTHOR > 王维 </AUTHOR >
     < CONTENT >
          < VERSE > 红豆生南国,春来发几枝。 </VERSE >
          < VERSE > 劝君多采撷,此物最相思。 </VERSE >
     </CONTENT >
 </POETRY >
 </CATALOG >
four - css. css
POETRY
     {text - align:center}
POETRY,TITLE,AUTHOR,CONTENT,VERSE
     {display:block}
POETRY
     {
     background - color:gold}
TITLE
     {font - size:160% ;
     font - family:华文彩云;
     text - align:center}
POETRY TITLE
     {font - size:12pt;
     text - decoration:underline;
     font - family:黑体}
AUTHOR
     {font - family:隶书;
     font - weight:normal;
     font - style:italic}
CONTENT
     {font - size:10pt}
```

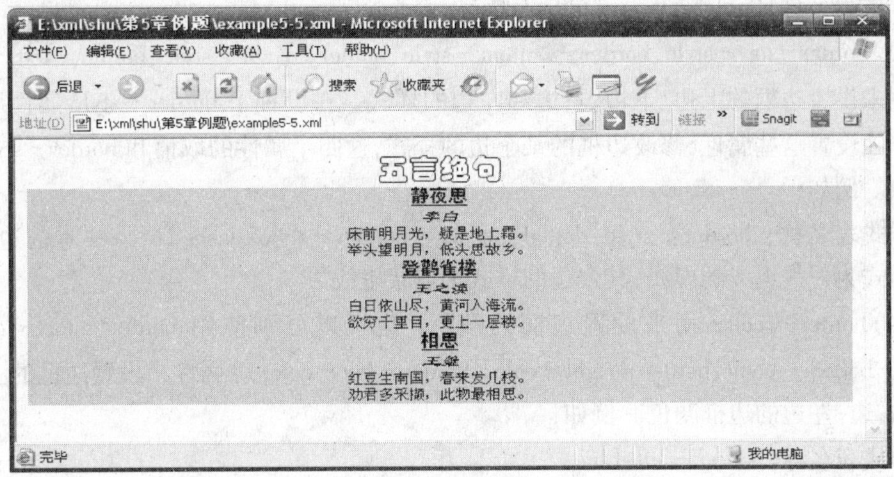

图 5.4　example 5－5. xml 显示效果

5.2.4　设置边框

CSS 描述了两维的输出内容绘制的一块画布。在这块画布上绘制的元素被包围在虚构的矩形中,这些矩形称为框(box)。这些框总是平行于画布的边缘放置。使用框属性使人们能够指定单个框的宽度、高度、页边距、贴边、边、大小和位置。

可以按文本的显示形式为文本添加边框。如果文本是按块方式显示的,那么边框就是块的边框;如果文本是按行方式显示的,那么边框就是行的边框;如果文本是按列表方式显示的,那么边框就是列表的边框。

与边框相关的属性有:border－style、border－top－width、border－right－style、border－right－color 等。

(1)border－style 用来设置边框样式。该属性默认值是 none,即文本没有边框。为文本添加边框,样式表中首先设置 border－style 属性的值,使得文本有边框,然后再设置其他属性的值。border－syle 属性有以下几个属性值:

- dotted:边框线为点组成虚线
- dashed:边框线为短线组成虚线
- double:边框线为双线
- groove:边框线为 3D 沟槽状边框
- ridge:边框线为 3D 脊状边框
- inset:边框线为 3D 内嵌边框
- outset:边框线为 3D 外嵌边框
- solid:普通边框

例如:样式表名称{border－style:double}

(2)border－top－width 、border－bottom－width、border－right－width、border－left－width 分别用来设置边框的上边、下边、右边和左边的宽度,默认值为 1。例如:

样式表名称{border－top－width:3;border－right－width:4}

(3)border－top－style、border－bottom－style、border－right－style、border－left－style分别用来设置边框的上边、下边、右边和左边的样式。在设置了 border－style 属性后,可以再单独设置这些属性,修改边框的某个边的样式,这四个属性的取值和 border－style 属性一致。例如:

样式表名称{ border－style:dotted;border－bottom－style:dashed},该文本的边框底边的样式为短线组成的虚线,其余边的样式为点状虚线。

(4)border－color 用来设置边框的颜色。也可以分别使用 border－top－color、border－bottom－color、border－right－color、border－left－color 等属性来设置边框的上边、下边、右边、左边的边框颜色。例如:

样式表名称{border－left:blue}

例 5.6 中,有三个标记的内容的显示方式都是块区域,其中两个子标记的块区域在其父标记块区域中,三个标记的内容上加了边框,并且利用边框相关属性丰富显示。例 5.6 在浏览器中打开的显示结果如图 5.5 所示。

例 5.6

```
example 5－6.xml
<? xml version ="1.0" encoding ="UTF－8" ? >
<? xml－stylesheet href ="five－css.css" type ="text/css" ? >
<student>
    <monitor>王明
    <xuexicommissary>李丽</xuexicommissary>
    <shenghuocommissary>张苹</shenghuocommissary>
    </monitor>
</student>
five－css.css
monitor
{   display:block;
    border－style:double;
    border－right－color:red;
    width =260;
    height =120
}
xuexicommissary
{   display:block;
    border－style:dotted;
    border－right－color:blue;
```

```
    width = 150;
    height = 60 ;
    font - size:10pt;
}
shenghuocommissary
{   display:block;
    border - style:ridge;
    border - right - color:yellow;
    width = 90;
    height = 30;
    font - size:10pt; }
```

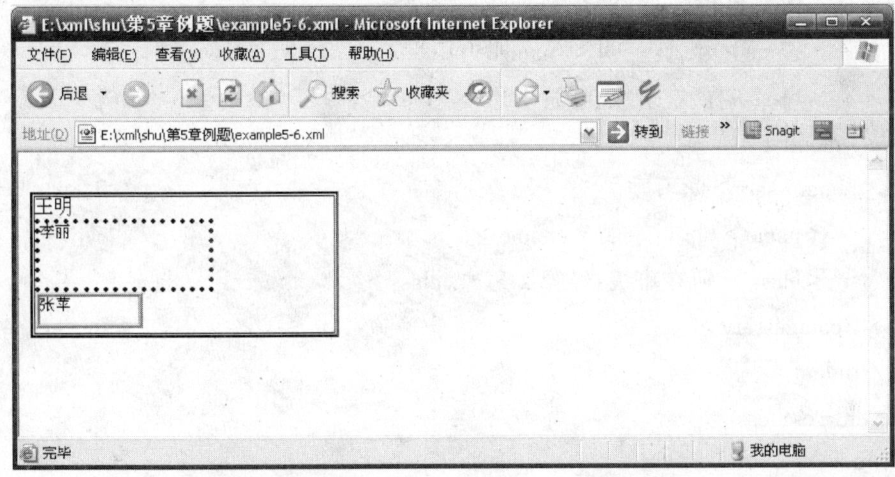

图 5.5　浏览器中打开 example 5 - 6. xml 显示结果

5.2.5　设置边缘

边缘是文本周围不可见的区域，主要指该 XML 元素和上一级元素的边框之间的距离。如果文本是按块显示的，那么边缘就是块的边缘；如果文本是按行显示的，那么便于就是行的边缘；如果文本是按列表显示的，那么边缘就是列表的边缘。

和边缘有关的属性如下：

(1) margin - top 用来设置该文本的上边缘距离，属性值为数值，单位是像素。例如：

样式表名称{margin - top:34}

(2) margin - bottom 用来设置该文本的下边缘距离，属性值为数值，单位是像素。例如：

样式表名称{margin - bottom:54}

(3) margin - left 用来设置该文本的左边缘距离，属性值为数值，单位是像素。例如：

样式表名称{margin - left:66}

(4)margin - right 用来设置该文本的右边缘距离，属性值为数值，单位是像素。例如：

样式表名称{margin - left:78}

例 5.7 中，“monitor”和“commissary”两个标记的内容采用块方式显示，并且在块区域外面加了边框，并利用边缘相关属性设置了边缘的大小。example 5 -7.xml 在浏览器中显示的结果如图 5.6 所示。

例 5.7

example 5 -7.xml

```
<? xml  version = "1.0"   encoding = "UTF -8"  ?  >
<? xml - stylesheet href = " serven - css. css"  type = " text/css"  ?  >
<student >
  <monitor >班长
      <name >姓名:王明 </name >
      <class > 所在班级:经管 1 班  </class >
  </monitor >
  <commissary >学习委员
      <name >姓名:李丽 </name >
      <class > 所在班级:经管 2 班 </class >
  </commissary >
</student >
```

serven - css. css

```
monitor
{   display:block;
    border - style:ridge;
    border - top - width:15;
    margin - top:5;
    margin - left:2;
    margin - right:2;
    text - align:center;
    font - size:18pt;color:red;
    width =230;
    height =100;
}
name,class
{   display:list - item;
    margin - left:22 ;
```

```
    text - align:left;
    font - size:12pt;color:green;
}
commissary
{   display:block;
    border - style:dotted;
    border - top - width:10;
    margin - top:24;
    margin - left:12;
    margin - right:2;
    text - align:center;
    font - size:18pt;color:blue;
    width = 230;
    height = 100;
}
```

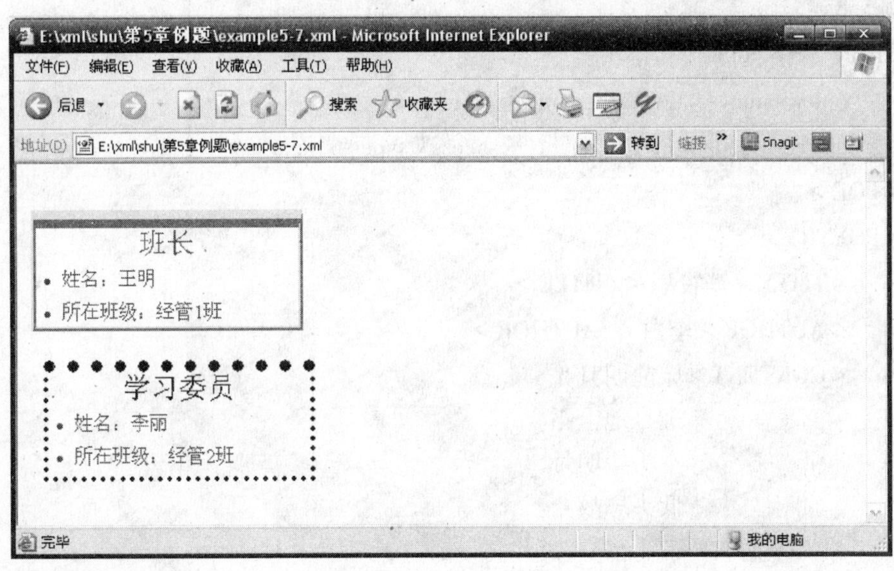

图 5.6　example 5 - 7. xml 在浏览器中显示的结果

5.2.6　设置颜色和背景

颜色和背景是文档设计时的两个重要因素。如果需要设置文本的颜色，通常使用 color 属性；文本的背景可设置成一种颜色或一幅背景图片，可使用 background - color、background - image 等相关属性进行设置。

(1) color 用来设置文本的字符颜色。属性值可以使用“英文颜色名称”、“十六进制色彩控制”、RGB 值等来表示，默认值为黑色。例如：

样式表名称{color:red}

样式表名称{ color:(120,225,220)}

(2)background - color 用来设置背景的颜色,颜色的属性值与 color 一样,其中默认值是 transparent(透明)。例如:

样式表名称{background - color:red}

(3)background - image 用来设置背景显示的图片。属性值的取值形式为:URL(“文件名字”),其默认值是 none,表示没有背景图片。例如:

样式表名称{ background - image:URL(“bird. jpg”}

(4)background - repeat 用来设置图像是否重复出现来平铺背景。属性值有 repeat(图片在水平垂直两个方向上平铺)、repeat - x(图片在水平方向上平铺)、repeat - y(图片在垂直方向上平铺)、no - repeat(图片不进行平铺)。例如:

样式表名称{ background - image:URL(“bird. jpg”);background - repeat:no - repeat}

例 5.8 中,“TITLE”标记的内容采用块方式显示,在块区域中设置了背景色,并使用 RGB 值来表示颜色;“CONTENT”标记的内容采用块方式显示,在块区域内设置了背景图片,并使用该图像平铺背景。example 5 - 8. xml 在浏览器中显示的结果如图 5.7 所示。

例 5.8

exmple 5 - 8. xml

```
<? xml version = "1. 0" encoding = " UTF - 8" ? >
<? xml - stylesheet href = " eight - css. css" type = " text/css" ? >
<POE >
<POETRY >
    <TITLE >静夜思 </TITLE >
    <AUTHOR >李白 </AUTHOR >
    <CONTENT >床前明月光,
              疑是地上霜。
              举头望明月,
              低头思故乡。
    </CONTENT >
</POETRY >
<POETRY >
    <TITLE >登鹳雀楼 </TITLE >
    <AUTHOR >王之涣 </AUTHOR >
    <CONTENT >白日依山尽,黄河入海流。欲穷千里目,更上一层楼。</CON-
TENT >
</POETRY >
</POE >
```

```
eight - css. css
TITLE
{ display:block;font - family:楷体_GB2312;font - style:italic;
font - weight:600;background - color:rgb(229,227,226);
}
AUTHOR
{ display:block;font - family:楷体_GB2312;font - style:italic;
font - weight:900;
}
CONTENT
{ display:block;width =220px;height =120px;
font - family:楷体_GB2312;font - style:italic;font - weight:600;
background - image:URL("gs. gif");
background - repeat:repeat;
}
```

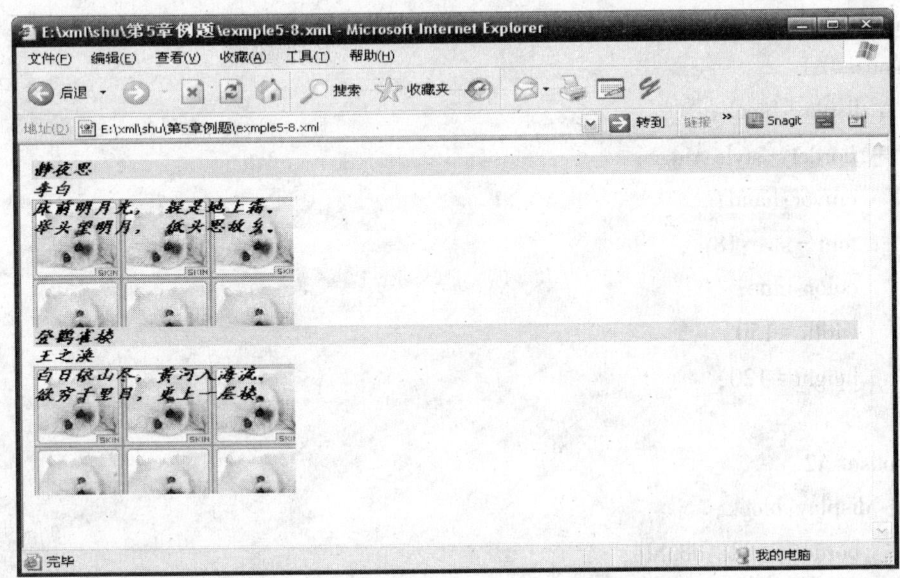

图 5.7　example 5 - 8. xml 在浏览器中显示的结果

5.2.7　设置鼠标

如果希望控制鼠标指针运动到文字的显示区域上面时的形状，就可以设置 cursor 属性，该属性的值用来指定鼠标指针在文字的显示区域上面的形状。该属性可以取的值有 auto、crosshair、default、hand、move、e - resize、ne - resize、nw - resize、n - resize、se - resize、sw - resize、s - resize 、w - resize、text、wait、help。例如：

样式表名称{cursor:hand}

指定鼠标移动到文字的显示区域上面时变成“手”的形状。

例 5.9 中，两个标记的显示方式是块区域，并加了边框，当鼠标在边框中时改变显示形状。example 5 - 9. xml 在浏览器打开显示如图 5.8 所示。

例 5.9

example 5 - 9. xml

```
<? xml  version = "1.0"   encoding = "UTF - 8"  ?  >
<? xml - stylesheet href = "nine - css. css"  type = "text/css"  ? >
<root >
    < mouse ID = " A1" >
        鼠标的第一个显示形状 - 手形
    </mouse >
    < mouse ID = " A2" >
        鼠标的第二个显示形状 - 移动
    </mouse >
</root >
```

nine - css. css

```
mouse#A1
{   display:block;
    border - style:ridge;
    cursor:hand;
    font - size:18pt;
    color:blue;
    width =150;
    height =120;
}
mouse#A2
{   display:block;
    border - style:double;
    cursor:move;
    font - size:18pt;
    color:red;
    width =150;
    height =120;
}
```

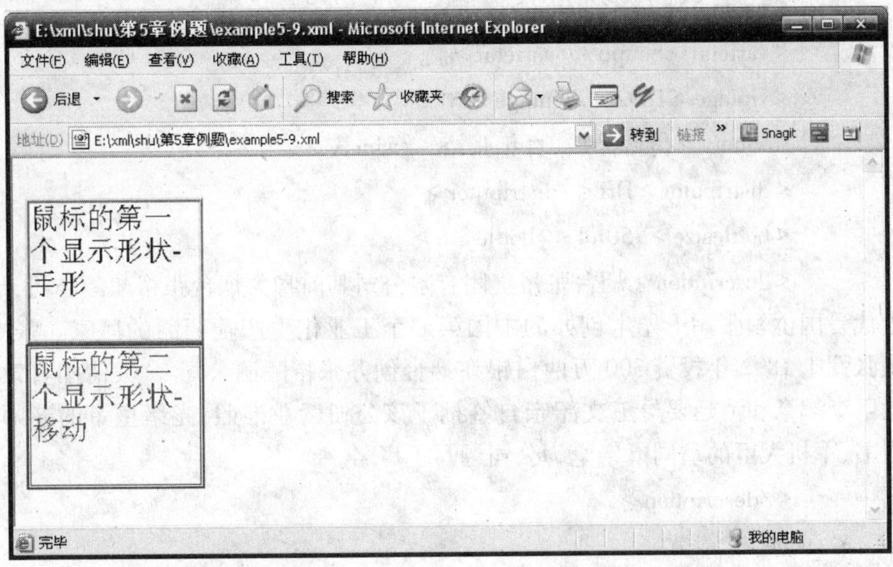

图 5.8　example 5 - 9. xml 在浏览器中显示效果

5.2.8　处理层叠

通过前面几节的学习,我们知道在样式表中通过指定属性 display 的值来设置文本的显示方式,比如可以设置文本以块状形式显示。样式表中还可以通过 position、width 和 height 属性的值来准确地设置显示区域的位置和大小,那么样式表设置的显示区域就有可能发生重叠。

可以在样式表中设置 z - index 属性的值来规定一个样式表所在的层,z - index 属性的值可以是正整数,称作样式表的层数。当样式表之间的显示区域发生重叠时,层数大的样式表的显示区域将遮挡层数小的样式表的显示区域。例如:样式表名称{z - index:整数或 auto},其中 auto 是该属性的默认值,这时会按出现的前后顺序排列。

5.3　CSS 应用实例

下面例 5.10 以 wines. xml 源文件,为其设计相应的显示样式,其显示的效果如图 5.9 所示。也可以通过本章的学习,自己设计制作,编写更好的显示样式。

例 5.10

wines. xml

```
<? xml version = "1.0"  encoding = "UTF - 8"? >
<? xml - stylesheet type = "text/css"  href = "wine - css. css"?  >
<redwine >
        <wine >
```

```xml
        <name>张裕</name>
        <varietal>Scupp</varietal>
        <vintage>1892</vintage>
        <winery>传奇品质,百年张裕</winery>
        <distributor>Dri</distributor>
        <bottlesize>750ml</bottlesize>
        <description>烟台张裕集团有限公司其前身为烟台张裕酿酒公司,他是由
我国近代爱国侨领张弼士先生创办的中国第一个工业化生产葡萄酒的厂家。张裕公司
创始人张弼士 1892 年投资 300 万两白银在烟台创办张裕酿酒公司 。大清国直隶总督、
北洋大臣李鸿章和清廷要员王文韶亲自签批了该公司营业准照,光绪皇帝的老师,时任
户部尚书、军机大臣的翁同龢亲笔为公司题写了厂名。
        </description>
    </wine>
    <wine>
    <name>酒的王朝</name>
    <varietal>Other</varietal>
    <vintage>1980</vintage>
    <winery>酒的王朝,王朝的酒</winery>
    <distributor>Dri</distributor>
    <bottlesize>750ml</bottlesize>
    <description>中法合营王朝葡萄酿酒有限公司始建于 1980 年,是我国制造业
第一家中外合资企业,合资的外方为世界著名的法国人头马集团亚太有限公司。2005 年
1 月,公司在香港主板成功上市。企业投资总额为 8.2 亿元人民币,占地面积 440 亩。公
司建有国际酿酒名种葡萄原料种植基地 3 万多亩,具有国际一流的葡萄酒生产设备和工
艺,现生产 3 大系列 90 多个具有不同风格的葡萄酒品种,现生产能力为 5 万吨/年。公司
的地下酒窖占地 5000 平方米,是目前国内最大、设施最先进的地下酒窖。</descrip-
tion>
    </wine>
    <wine>
        <name>新天</name>
        <varietal>Other</varietal>
        <vintage>1998</vintage>
        <winery>葡萄故乡,四季阳光</winery>
        <distributor>Dri</distributor>
        <bottlesize>750ml</bottlesize>
        <description>新天酒业于 1999 年底通过 ISO 9002 国际质量管理体系认
```

证,产品获得了国家绿色食品中心颁发的绿色食品证书;2000 年,新天葡萄酒荣获“新疆名牌”,新天牌商标荣获“新疆著名商标”;2002 年公司获得国家质监总局颁发的“产品质量免检证书”;2005 年 9 月,“新天牌”葡萄酒荣获“中国名牌”称号。此外,公司还获得“AAAA”级国家标准化良好行为企业、国家工业旅游试点企业、自治区“守合同、重信用”单位等荣誉称号。</description>

```
        </wine>
    </redwine>
wine-css.css
redwine {
    display: block;
    width: 33em;
    font: normal 12pt serif;
    margin: 120px;
    border: solid 2px gray;
}
wine {
    display: block;
}
varietal
{
    display: block;
    font-size: 8pt;
}
description
{
    display: block;
    margin-left: 2em;
    margin-right: 2em;
}
name {
    font-weight: bold;
    text-decoration: underline;
}
redwine{
    padding: .8em;
}
vintage, bottlesize {
```

```
    float: right;
    border - bottom: solid thin red;
    padding - left: 1em;
}
redwine{
    background - image: url("wine.png");
    background - repeat: repeat;
}
```

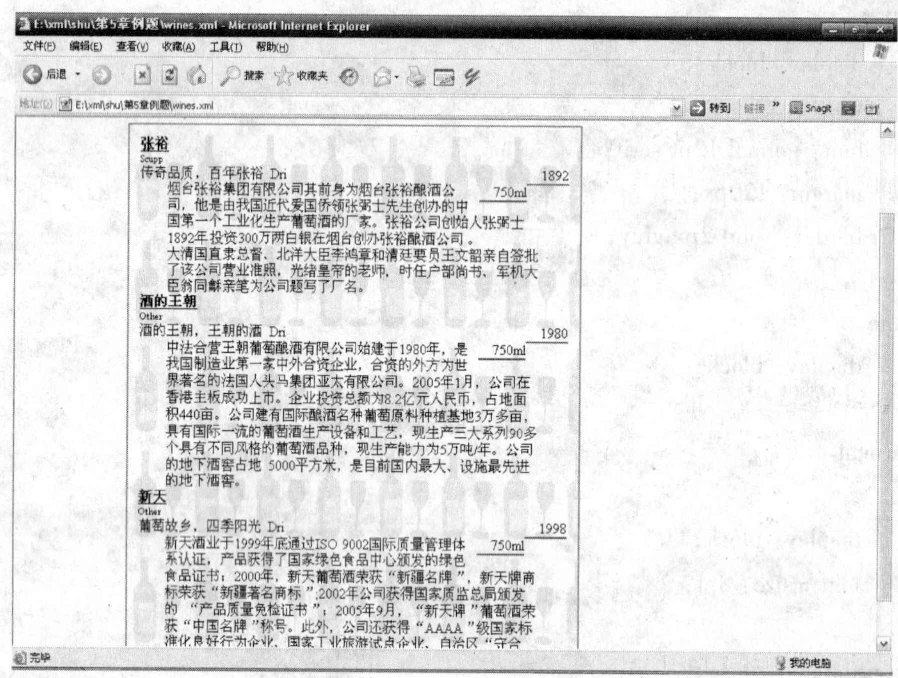

图 5.9　wines.xml 显示的效果

5.4　实训

实训目的：

▶ 掌握使用 CSS 层叠样式表语言显示 XML 文档的方法；

▶ 掌握各种 CSS 样式的显示效果；

▶ 学会调试 XML 与 CSS 共同运行的程序；

▶ 了解创建 CSS 和 XML 程序的流程。

实训内容：

某饭店要写一份菜谱，饭店老板让你设计一个 XML 文档及使用 CSS 样式表美观显示。该 XML 文档中带有菜名、做法选择(如鱼可以选择清蒸、红烧和豆瓣等)、菜味描述等便于用户选择。

实训步骤:

(1)完成XML文档编写,首先根据上述实训内容收集相关数据,完成XML文档的编写。

(2)编写与XML文档相对应的CSS层叠样式表。

(3)调试运行。

5.5 小结

在本章中,介绍了如何使用CSS关联XML文档在浏览器中的显示方式,主要包括:如何在XML文档中关联CSS样式表,如何使CSS样式表规则和XML文档中的标记关联,如何设置显示样式、字体样式、颜色样式、文本样式、边框样式、鼠标显示样式等。

习题5

一、选择题

1. 下列能够对XML源文件进行显示的语言有(　　)。

A. XSL　　B. SGML　　C. CSS　　D. GML

2. 要将元素显示在块中,应该的显示方式为(　　)。

A. display:none　　B. display:inline

C. display:list - item　　D. display:block

3. CSS中用来设置背景图片的样式是(　　)。

A. background - color　　B. background - image

C. background - repeat　　D. background - position

4. CSS边框样式中设置下边框的宽度属性的是(　　)。

A. border - style　　B. border - color

C. border - bottom - width　　D. border - bottom

5. 创建一个带有样式表的XML文档,要做的第一步是(　　)。

A. 构思所要建立XML文档所需要的资源及相关数据内容

B. 创建XML文档

C. 创建CSS文档

D. 测试以前的文档

二、简答题

1. XML文档用什么指令来关联CSS样式表文件?

2. 简述CSS样式怎么样处理层叠,使用哪个样式规则及注意事项有哪些。

3. 简述 XML 文档使用样式表的两种方式。

4. 用 CSS 来对下面的 XML 文档进行格式化，department、id 元素内容用 20 号粗体字显示，name 用蓝色 12 号字显示。

```
<? xml version = "1. 0"  encoding = "UTF -8"?  >
<? xml -stylesheet type = "text/css" href = "s. css" ? >
<teachers >
    <teacher >
        <department >software </department >
        <id >007 </id >
        <name >zhangsan </name >
    </teacher >
    <teacher >
        <department >digitmedia </department >
        <id >008 </id >
        <name >lisi </name >
    </teacher >
</teachers >
```

第六章　XSL 技术

主要内容

- XML 关联 XSL
- XSL 样式表文件中的模板
- 标记与模板匹配
- 常用的 XSL 标记

难点

- 标记与模板匹配
- 模板调用标记的使用
- XML 关联 XSL 的应用

如前几章所述,XML 文档本身只是关心如何定义数据的内容,而当一个应用要求显示 XML 元素的数据时,就需要一种机制来描述 XML 元素是如何进行显示的。这种语言就是样式语言,第五章所介绍的 CSS 是用于完成以上工作任务的样式语言之一,而 XSL 则是另一种选择。

6.1　XSL 概述

6.1.1　XSL 简介

XSL(eXtensible Stylesheet Language)即可扩展的样式表语言。它主要提供定义规则的元素和显示 XML 文档,从而实现文档内容和表现形式的分离。XSL 是为 XML 的样式显示而设计的语言,是专属的 XML 显示语言。XSL 从功能上分为两个部分:一是转换 XML 文档,即将 XML 文档架构转换成另一个 XML 架构的文档,或转换成非 XML 文件,比如 HTML 文件;二是格式化 XML 文档,即格式化元素内容的样式,以便显示出 XML 文档。

6.1.2　XSL 与 CSS 比较

XSL 与 CSS 都可以用来设置 XML 文档的外观,其共同之处是实现了数据与表现相分离,实现 XML 文档数据的显示。

比较起来,两者也有许多不同的地方,其明显的不同之处有以下几方面。

6.1.2.1 用途不同

CSS 是针对于 HTML 提出的，后来将其应用于 XML 之中，它既可以针对 HTML 文档中的每个成分设定样式，又可以为 XML 中的成分设定样式。而 XSL 是专门针对 XML 提出的，它不支持 HTML。

6.1.2.2 处理结果不同

XSL 采用转换的思想，其方法是将一种不含显示信息的 XML 文档转换为另一种可以用某种浏览器浏览的文档，转换后的输出码或者存为一个新的文档，或者暂存于内存中，但都不会修改源代码。而 CSS 则没有任何转换动作，只是针对结构文档中的各个成分，依照样式规定一一设定外观样式，再由浏览器依据这些样式来显示文档，整个过程没有任何新代码产生。

6.1.2.3 表现能力不同

在 XSL 中定义的大多数样式规定，实际上在 CSS 中都可以找到类似的定义。但有一些效果是 CSS 无法描述的，必须使用 XSL 才能实现。例如：CSS 不能重新排序文档中的元素；CSS 不能判断和控制哪个元素被显示，哪个元素不被显示；CSS 不能统计计算元素中的数据。

换言之，CSS 只适用于输出比较固定的最终文档。

6.1.2.4 语法不同

XSL 是根据 XML 的语法进行定义的，实际上又是 XML 的一种应用。而 CSS 的语法自成体系，较为简单，易学易用。

6.1.3 XML 关联 XSL 文件

在 XML 文件中需要使用如下操作指令：

<? xml - stylesheet href = "XSL 样式表的 URI" type = "text/xsl" ? >

将 XML 文件和 XSL 样式表文件相关联。

操作指令中 xml - stylesheet 指明这是引用样式表的声明；type 属性则指出样式表的类型，其值“text/xsl”表示这里引用的是 XSL 样式表；而 href 属性则指出该样式表的名称与路径。

下面例 6.1 中，使用 XML 文件关联 XSL 文件，其显示结果如图 6.1 所示。

例 6.1

exmple 6 - 1. xml

```
<? xml version = "1. 0"  encoding = "UTF - 8"  ? >
<? xml - stylesheet href = "one - XSL. xsl"  type = "text/xsl"  ? > <! - - 和样式表
文件相关联 - - >
<菜单列表>
    <菜单>
        <菜单名称>红烧肘子</菜单名称>
        <菜单价格>58 元</菜单价格>
```

```
    </菜单>
  </菜单列表>
one - XSL.xsl
  <?xml version = "1.0" encoding = "UTF-8"? >
  <xsl:stylesheet xmlns:xsl = "http://www.w3.org/TR/WD-xsl" >
      <xsl:template match = "/" >
          <HTML>
          <H2>
              <xsl:value-of select = "菜单列表/菜单/菜单名称" />
          </H2>
          <H3>
              <xsl:value-of select = "菜单列表/菜单/菜单价格" />
          </H3>
        </HTML>
      </xsl:template>
  </xsl:stylesheet>
```

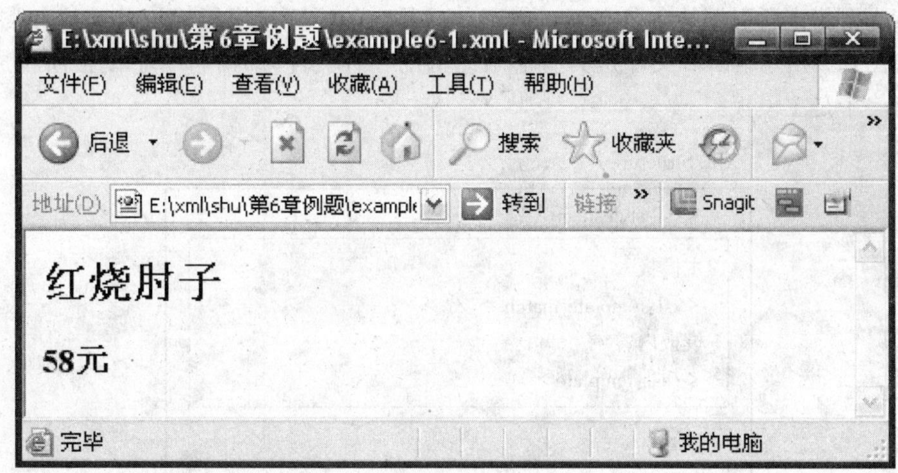

图 6.1 example 6-1.xml 显示效果

6.1.4 使用 XSL 显示 XML

IE5.5(以上版本)都能处理 XSL 文件(IE 带有 XSL 处理器)。当用浏览器打开一个和 XSL 样式表关联的 XML 文件时,浏览器不再显示 XML 源文件,浏览器内置的 XSL 处理器会把和 XML 关联的 XSL 样式表转化为一个中间文件(如 HTML 文件),并解释执行该文件,即显示该 HTML 文件中的内容。

使用 XSL 文件显示 XML 文件中标记包含的文本数据的步骤如下。

(1)首先针对 XML 文档编辑相应的 XSL 样式表文件;

(2)其次将 XML 文档和 XSL 样式表文件相关联；

(3)最后将 XSL 样式表转化为 HTML 文件进行显示。

其中第三步由浏览器内置的 XSL 处理器负责。

6.2 XSL 模板

XSL 样式表文件是扩展名为“.xsl”的文本文件。和 XML 文件类似，XSL 样式表文件的内容也是由标记及所包含的内容组成，只不过按照 W3C 规范，这些标记都有着特殊的意义，以便 XSL 处理器可以处理它们。XSL 样式表文件遵守和 XML 文件一样的语法要求，即它必须也是规范的。

XSL 样式表文件也必须有 XML 声明，样式表文件应当和其关联的 XML 文件有着同样编码，即 XSL 也是以声明指令为开始，例如：

```
<? xml version = "1.0"  encoding = "UTF-8" ? >
```

6.2.1 XSL 基本架构

XSL 样式表的基本结构也是一个树状结构，该结构的根元素名称为 stylesheet，在这个元素中要指定所引用的命名空间。紧跟其后是它的子标记模板标记及其他各类子标记。如图 6.2 所示。XSL 文件是具有清晰结构的一种文件，即由若干个模板所构成，但必须有一个是主模板。

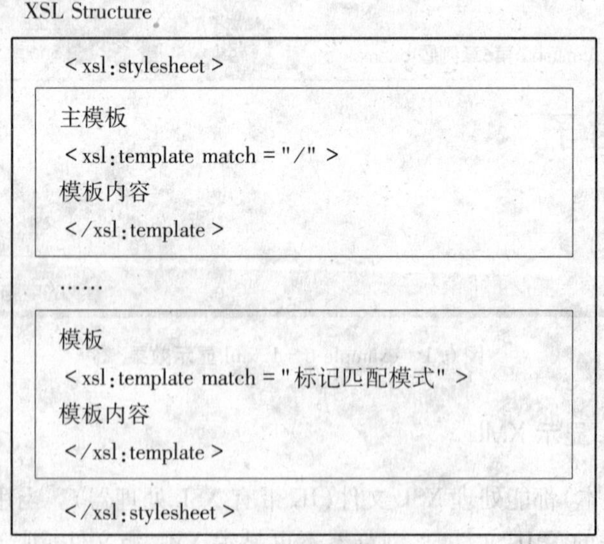

图 6.2　XSL 文件组成结构

6.2.2 XSL 根标记

从 XSL 的基本架构中可以看出，XSL 样式表文件的第一句声明指令，其中的编码方

式要求和关联的 XML 一致。紧接着是 XSL 的根元素,其语法格式如下:

```
<xsl:stylesheet xmlns:xsl = "http://www.w3.org/TR/WD - xsl" >
……
</xsl:stylesheet >
```

在这里需要注意,XSL 样式表根标记的名称必须为“xsl:stylesheet”。如果准备让浏览器的 XSL 处理器实现 XSL 变换,根标记必须有名称空间,名称空间的名字必须是 http://www.w3.org/TR/WD - xsl,该名称空间表明这里处理的是 XSL 文件。

6.2.3　XSL 模板标记

从结构图中可以了解到,一个 XSL 样式表文件是由一系列模板组成的。模板被封装在根标记中,作为根标记“xsl:stylesheet”的子标记出现,模板标记的名称是“template”。其语法格式如下:

```
<xsl:template match = "标记匹配模式" >
模板内容
</xsl:template >
```

一个模板的“模板内容”可以由 HTML 标记和 XSL 子标记组成,XSL 处理器在做变换时对 HTML 标记不实施变换,只对 XSL 标记实施操作变换,将变换结果嵌入到 HTML 标记中形成中间文件(HTML 文件)。

模板标记中必须有 match 属性,该属性的取值是一个特殊的字符串,称作模板的“标记匹配模式”,其实就是满足一定条件的一组标记,主要用来指定要从 XML 文档中哪个标记处开始寻找和提取数据。例如,假设 XML 文档的根标记的标记名称是“学生列表”,那么有下列模板:

```
<xsl:template match = "学生列表/ * " >
模板内容
</xsl:template >
```

该模板是 XML 文档中“学生列表”标记下的任何子标记都能匹配上的模板。

在各种模板中有一个特殊模板即“主模板”,其特殊性主要体现在该模板中 match 属性的值为“/”,如下所示:

```
<xsl:template match = " /" >
模板内容
</xsl:template >
```

一个 XSL 样式表文件中有且仅有一个“主模板”,主模板就是与 XML 文件中根标记相匹配的模板。XSL 处理器必须要找到主模板,然后才开始处理 XSL 变换,即 XSL 处理器总是从主模板开始实施 XSL 变换的。在主模板的模板内容中包含其他模板的调用标记。

例 6.2 中 XML 文档中跟标记的名字为“菜单列表”,根标记有三个“菜单”子标记,而每个“菜单”标记又有“菜单名称”和“菜单价格”两个子标记。在与 XML 文档关联的

XSL 文件 two - XSL. xsl 中除了主模板外，还有两个子模板，分别针对"菜单名称"和"菜单价格"，用来显示两个标记中的数据内容。

用浏览器打开 example 6 - 2. xml 的效果如图 6. 3 所示。

例 6. 2

example 6 - 2. xml

```
<? xml version = "1. 0"  encoding = "UTF - 8"  ? >
<? xml - stylesheet href = "two - XSL. xsl"  type = "text/xsl"  ? > <! - - 和样式表文件相关联 - - >
<菜单列表>
    <菜单>
        <菜单名称>红烧肘子</菜单名称>
        <菜单价格>58 元</菜单价格>
    </菜单>
    <菜单>
        <菜单名称>酸菜鱼</菜单名称>
        <菜单价格>66 元</菜单价格>
    </菜单>
    <菜单>
        <菜单名称>麻辣鸡丁</菜单名称>
        <菜单价格>32 元</菜单价格>
    </菜单>
<菜单>
        <菜单名称>台湾客家小炒</菜单名称>
        <菜单价格>35 元</菜单价格>
    </菜单>
</菜单列表>
```

two - XSL. xsl

```
<? xml version = "1. 0"  encoding = "UTF - 8"?  >
<xsl:stylesheet xmlns:xsl = "http://www. w3. org/TR/WD - xsl" >
    <xsl:template match = "/"  >                    <! - - 主模板开始 - - >
        <HTML>
            <table border = "3" >
                <tr>
                    <xsl:apply - templates select = "菜单列表/菜单/菜单名称"  />
                </tr>
                <tr>
```

```
            <xsl:apply-templates select="菜单列表/菜单/菜单价格" />
          </tr>
        </table>
      </HTML>
    </xsl:template>                                <! -- 主模板结束 -->
    <xsl:template match="菜单列表/菜单/菜单名称">   <! -- 与标记"商品
名称"匹配的模板开始 -->
      <td>
        <xsl:value-of />
      </td>
    </xsl:template>          <! -- 与标记"商品名称"匹配的模板结束 -->
    <xsl:template match="菜单列表/菜单/菜单价格">  <! -- 与标记"商品
价格"匹配的模板开始 -->
      <td>
        <xsl:value-of />
      </td>
    </xsl:template>
  </xsl:stylesheet>
```

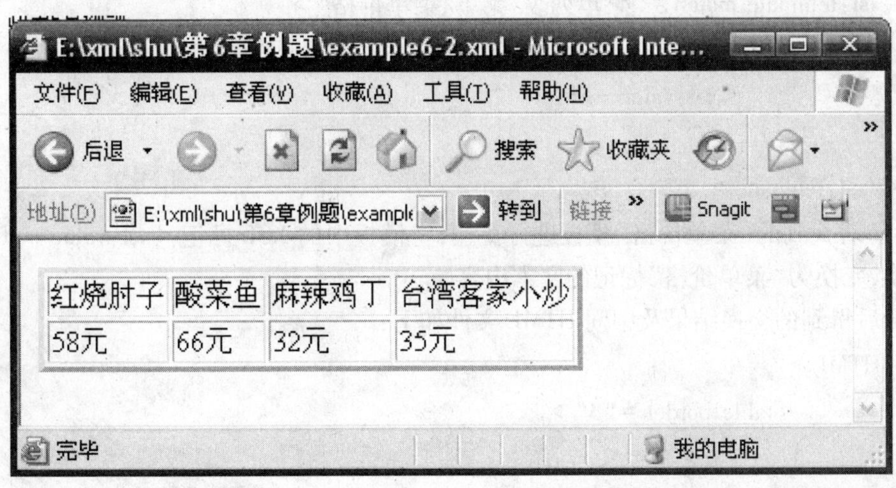

图 6.3 使用 XSL 显示 example 6-2.xml 的数据

6.2.4 XSL 处理流程

XSL 处理器必须要找到主模板，然后开始实施 XSL 交换，即 XSL 处理器是从主模板开始实施 XSL 交换。在主模板中会包含调用其他模板的“模板调用”标记。

以上节例 6.2 为例，XSL 处理器工作流程如下。

(1) XSL 处理器从主模板开始实施交换，主模板中执行模板调用标记：

```
<xsl:apply - templates select = "菜单列表/菜单/菜单名称" />
```

即到 XML 文档 exmple 6 - 2. xml 中找到所有与模式“菜单列表/菜单/菜单名称”相匹配的 XML 标记，一共找到 4 个名字为“菜单名称”的标记。

(2)按照先后顺序为这 4 个“菜单名称”标记到 XSL 中去寻找相匹配的模板，找到的模板是：

```
<xsl:template match = "菜单列表/菜单/菜单名称" >
        <td >
            <xsl:value - of />
        </td >
</xsl:template >
```

(3)对找到的“菜单名称”模板进行交换，将模板中的 XSL 标记 <xsl:value - of/> 进行变换，变换为“菜单名称”标记的文本内容。

(4)主模板继续向后执行，紧接是另一个模板调用标记：

```
<xsl:apply - templates select = "菜单列表/菜单/菜单价格" />
```

同样到 XML 文档 exmple 6 - 2. xml 中找到所有与模式“菜单列表/菜单/菜单价格”相匹配的 XML 标记，一共找到 4 个名字为“菜单价格”的标记。

(5)按照先后顺序为这 4 个“菜单价格”标记到 XSL 中去寻找相匹配的模板，找到的模板是：

```
<xsl:template match = "菜单列表/菜单/菜单价格" >
        <td >
            <xsl:value - of />
        </td >
</xsl:template >
```

(6)对找到的“菜单价格”模板进行交换，将模板中的 XSL 标记 <xsl:value - of/> 进行变换，变换为“菜单价格”标记的文本内容。

最后得到的交换结果及中间 HTML 文件如下：

```
<HTML >
        <table border = "3" >
            <tr >
                <td >红烧肘子 </td >
                <td >酸菜鱼 </td >
                <td >麻辣鸡丁 </td >
                <td >台湾客家小炒 </td >
            </tr >
            <tr  >
                <td >58 元 </td >
```

```
            <td>66 元</td>
            <td>32 元</td>
            <td>35 元</td>
        </tr>
    </table>
</HTML>
```

用浏览器打开 example 6-2. xml 的效果如图 6. 3 所示。

6.3 模板与标记匹配

XSL 处理器对 XSL 文件的变换从主模板开始,在主模板中会有调用其他模板的模板调用标记,然后调用其他模板。XSL 样式表中除了主模板外,还有其他为指定元素创建的模板。怎样来确定某个模板究竟是为哪些标记建立,是哪个标记的显示样式?哪一个模板又适合哪个标记,就涉及"标记匹配模式"。"标记匹配模式"就是描述该模板适合于哪个或哪些标记。

前面第一节中提到了模板的格式如下:

```
<xsl:template match="标记匹配模式">
    <td>
        <xsl:value-of/>
    </td>
</xsl:template>
```

标记匹配模式即 match 属性的值主要告诉 XSL 处理器从 XML 文档中哪个标记开始寻找和提取数据。标记匹配模式具体如何取值如下。

6. 3. 1 XML 文档中子标记匹配的模板

在 XML 文档中,根标记的子标记是比较重要的标记,XSL 样式表文件中针对这类标记建立模板及设定显示样式。"标记匹配模式"取值可以是该子标记的名字或根标记的名字和子标记的名字用"/"连接。

通过下列实例来看 XML 子标记的匹配模式。

```
<?xml version="1.0" encoding="UTF-8"?>
    <书籍>
        <书籍名称>XML 实践教程</书籍名称>
        <作者>张银鹤</作者>
        <出版社>清华大学出版社</出版社>
    </书籍>
```

从上面例子中可以看到根标记是"书籍"标记。根标记下有三个子标记分别为"书籍名称”、“作者”和“出版社”标记。下面三个模板分别是这三个子标记相匹配的模板。

（1）

```
<xsl:template match = "书籍名称" >
        模板内容
</xsl:template >
```

（2）

```
<xsl:template match = "作者">
        模板内容
</xsl:template >
```

（3）

```
<xsl:template match = "书籍/出版社" >
        模板内容
</xsl:template >
```

而下面这个模板：

```
<xsl:template match = "书籍/ * " >
        模板内容
</xsl:template >
```

是针对根标记的所有子标记所建立的模板，它与“书籍名称”、“作者”和“出版社”都能匹配。

6.3.2 XML 文档中任意级别的子标记匹配的模板

任意级别的子标记匹配模板，其 match 属性取值中使用路径信息或者使用特殊路径符号。以下面实例进一步认识任意级别的子标记。

```
<? xml version = "1.0" encoding = "UTF-8" ? >
<第五中学 >
    <七年级一班 >
        <学生名单 >
            <姓名 >李银海 </姓名 >
            <姓名 >王颖 </姓名 >
            <姓名 >吴铭 </姓名 >
        </学生名单 >
    </七年级一班 >
</第五中学 >
```

从上述例子中可以看到 XML 文档的根标记是“第五中学”，根标记的子标记是“七年级一班”，“七年级一班”标记的子标记是“学生名单”，“学生名单”标记的子标记是三个“姓名”标记。现在如果针对“姓名”标记建立模板，那么模板的“标记匹配模式”及路径信息可以有下面几种形式：

(1)

```
<xsl:template match = "第五中学/七年级一班/学生名单/姓名" >
        模板内容
</xsl:template >
```

(2)

```
<xsl:template match = "第五中学/ * / * / * " >
        模板内容
</xsl:template >
```

“ * ”在这里表示该标记层次下的每一个标记。

(3)

```
<xsl:template match = "第五中学/ * / * /姓名" >
        模板内容
</xsl:template >
```

(4)

```
<xsl:template match = "//姓名" >
        模板内容
</xsl:template >
```

“//”在这里表示它可以穿越任何层次而寻找指定标记。

注意:XML 文档的标记是树形结构,当使用“/”分隔符时必须从根标记出发才能确定出若干个标记。例如下列模板是无效的。

```
<xsl:template match = "学生名单/姓名" >
        模板内容
</xsl:template >
```

6.3.3　指定属性的 XML 标记匹配的模板

通常使用“标记[@ 属性]”或者“标记[@ 属性 = ‘ 属性值 ’]”可以建立匹配具有指定属性的标记或者指定属性及属性值的标记模板,这样可以让名字相同而属性不同或属性值不同的标记匹配不同的模板。

现通过例 6.3 来说明具有指定属性的标记或者指定属性及属性值的标记模板。例 6.3 是关于图书的 XML 文件和一个与其关联的 XSL 文件组成,XML 文件中的“图书”标记具有“分类”属性,在 XSL 文件中只针对具有“分类”属性且属性值为“专业”的图书标记建立了模板,最后 example 6 - 3. xml 文件在浏览器中打开显示如图 6.4 所示。

例 6.3

example 6 - 3. xml

```
<? xml version = "1. 0"  encoding = "UTF - 8"  ?  >
<? xml - stylesheet href = " three - XSL. xsl"  type = " text/xsl"  ?  >
<图书列表 >
```

```
    <图书 分类="专业">《XML 程序设计》</图书>
    <图书 分类="文学">《傲慢与偏见》</图书>
    <图书 分类="专业">《计算机网络应用》</图书>
</图书列表>
```

three - XSL. xsl

```
<?xml version="1.0" encoding="UTF-8"?>
<xsl:stylesheet xmlns:xsl="http://www.w3.org/TR/WD-xsl">
    <xsl:template match="/">
<html>
        <xsl:apply-templates select="//图书"/>
</html>
</xsl:template>
    <xsl:template match="//图书[@分类=专业]">
        <xsl:value-of/>
    </xsl:template>
</xsl:stylesheet>
```

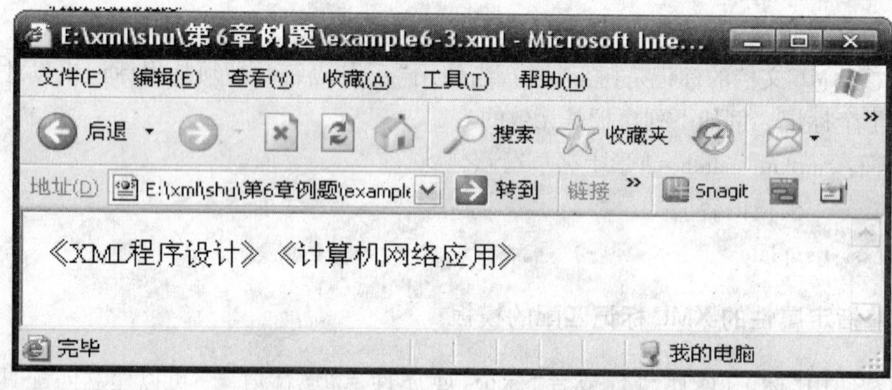

图 6.4 example 6-3. xml 文件显示效果

6.3.4 使用“[ ]”和“|”给出带条件的 XML 标记匹配模板

可以在标记后使用“[ ]”，为相匹配的标记添加限制条件。例如可以限制标记必须具有指定的子标记、指定的属性、指定的属性值等。

6.3.4.1 限制标记必须具有某个子标记

例如，下面这个模板

```
<xsl:template match="图书列表/图书[ISBN]">
        模板内容
</xsl:template>
```

该模板能匹配上的标记依然是“图书”标记而不是“ISBN”标记，但是该“图书”标记有特殊性,必须具有“ISBN”子标记。

6.3.4.2 添加多个限制条件

例如,下面这个模板

<xsl:template match="图书列表/图书[ISBN|作者]">

模板内容

</xsl:template>

“图书列表/图书[ISBN|作者]”能匹配上的是拥有“ISBN”或“作者”子标记的“图书”标记。

使用“|”给出几个可以选择的标记,例如:

<xsl:template match="//ISBN|作者|出版社">

模板内容

</xsl:template>

表明该模板是标记名称为“ISBN”、“作者”、“出版社”标记的匹配模板。

6.3.4.3 限制子标记内容为指定字符串

在[]中可以使用“=”来判断元素内容是否与给定字符串完全匹配。例如:

<xsl:template match="图书列表/图书[图书名称='傲慢与偏见']">

模板内容

</xsl:template>

该模板能匹配上的标记是具有子标记“图书名称”为“傲慢与偏见”的“图书”标记。

6.4 XSL 中常用标记

6.4.1 模板调用标记

在一个 XSL 样式表文件中可以存在多个模板,但只有一个主模板,XSL 文件的转换顺序是从主模板开始,然后调用其他的模板。在 XSL 文件中调用其他模板的标记是“xsl:apply-templates”。

6.4.1.1 带 select 属性的模板调用标记

其语法格式如下:

<xsl:apply-templates select=“标记匹配模式”/>

是具有条件的 XSL 模板调用标记。

6.4.1.2 不带 select 属性的模板调用标记

其语法格式如下:

<xsl:apply-templates/>

是不带 select 属性的模板调用标记。该模板调用标记中没有“标记匹配模板”,需要作为其他标记的子标记使用,例如,“xsl:for-each”标记。格式如下:

```
<xsl:for-each select="标记匹配模式">
<xsl:apply-templates/>
</xsl:for-each>
```

6.4.1.3 模板调用标记的执行过程

对于带 select 属性的模板调用标记，XSL 处理器首先根据 select 属性值“标记匹配模式”到 XML 文档中寻找所有能和“标记匹配模式”匹配上的 XML 标记，然后按照先后顺序为这些标记到 XSL 样式表文件中找寻相匹配的模板，一旦找到，就对该模板的内容实施 XSL 交换，并将交换后的文本嵌入到 HTML 文件中。

对于不带 select 属性的模板调用标记，应当作为“xsl:for-each”标记的子标记使用。XSL 处理器执行“xsl:for-each”标记的过程如下：

(1)以循环方式到 XML 文档中找寻能与“xsl:for-each”标记中的“标记匹配模式”相匹配的 XML 标记，寻找到一个以后，执行步骤(2)，否则结束“xsl:for-each”标记的执行。

(2)在步骤(1)找到和“xsl:for-each”标记中的“标记匹配模式”相匹配的 XML 标记基础上，对“xsl:for-each”标记内容实施变换。注意这里的模板调用标记后不带 select 属性，则其调用的模板应该是“xsl:for-each”标记的“标记匹配模式”匹配上的标记的任意子标记的模板。

下面例 6.4 中，example 6-4.xml 文档中“网站”标记有“名称”和“URL”两个子标记，在 XSL 文件中对于这两个标记所包含的文本，即是使用了“xsl:for-each”和调用模板标记来实现的。用浏览器打开 example 6-4.xml 文件的效果图如图 6.5 所示。

例 6.4

example 6-4.xml

```
<?xml version="1.0" encoding="UTF-8"?>
<?xml-stylesheet href="four-XSL.xsl" type="text/xsl"?>
<友情链接>
    <网站>
        <名称>百度</名称>
        <URL>www.baidu.com</URL>
    </网站>
    <网站>
        <名称>雅虎</名称>
        <URL>www.yahoo.cn</URL>
    </网站>
    <网站>
        <名称>腾讯</名称>
        <URL>www.qq.com</URL>
```

```
    </网站>
</友情链接>
four-XSL.xsl
<?xml version="1.0" encoding="UTF-8"? >
<xsl:stylesheet xmlns:xsl="http://www.w3.org/TR/WD-xsl">
  <xsl:template match="/">
    <HTML>
      <table border="1">
        <tr> <th>网站名称</th> <th>URL</th> </tr>
        <xsl:for-each select="友情链接/网站" >
          <tr> <xsl:apply-templates /> </tr>
        </xsl:for-each>
      </table>
    </HTML>
  </xsl:template>
  <xsl:template match="//名称">
    <td> <xsl:value-of /> </td>
  </xsl:template>
  <xsl:template match="//URL">
    <td> <xsl:value-of /> </td>
  </xsl:template>
</xsl:stylesheet>
```

图 6.5　example 6-4.xml 文件的显示效果

6.4.1.4 非主模板调用其他非主模板

在 XSL 中关于模板调用标记不仅可以用在主模板中，也可以用于其他子模板中，这表示在一个非主模板中可以使用模板调用标记“xsl:apply - templates”来调用其他的非主模板。其执行情况也是先根据“标记匹配模式”到 XML 文档中寻找匹配的标记，然后再到 XSL 中寻找相匹配的模板，一旦找到，就对该模板内容进行变换。

一个非主模板调用其他的非主模板一般用来输出 XML 标记的子标记包含的文本数据。例如，一个模板 a 负责输出某个 XML 标记包含的文本数据，而另一个模板 b 负责输出该标记的子标记所包含的文本数据，那么 XSL 在主模板中调用 a，然后在 a 模板中再调用 b。

下面利用例 6.4 中的 exmple 6 - 4. xml 文档，重新关联 XSL 样式表文件(four - XSL(2). xsl)，在该样式表中采用了非主模板对非主模板的调用，其显示效果和图 6.5 一样。

four - XSL(2). xsl

```
<? xml version = "1.0" encoding = "UTF - 8"? >
<xsl:stylesheet xmlns:xsl = "http://www.w3.org/TR/WD - xsl" >
  <xsl:template match = "/" >
    <HTML >
      <table border = "1" >
        <tr > <th >网站名称</th > <th >URL </th > </tr >
        <xsl:apply - templates select = "友情链接/网站"/ >
      </table >
    </HTML >
  </xsl:template >
<xsl:template match = "//网站" >
        <tr > <xsl:apply - templates select = "./*"/ > </tr >
</xsl:template >
  <xsl:template match = "//名称" >
    <td > <xsl:value - of / >  </td >
  </xsl:template >
  <xsl:template match = "//URL" >
    <td > <xsl:value - of / > </td >
  </xsl:template >
</xsl:stylesheet >
```

6.4.2 xsl:value - of 标记

在 XML 文档中提取某个标记所包含的数据，并将数据以指定方式显示出来，通常使用<xsl:value - of select = “标记匹配模式”/ >。该标记是空标记。其中元素的属性

select 用于选择被提取数据的节点。

XSL 处理器对于"xsl:value - of"标记的执行,首先依据 select 属性的值"标记匹配模式"到 XML 文档中寻找该标记是否存在。如果存在,把该标记及其子标记的数据信息提取出来,返回 XSL 文件中,以该标记的上一级标记制定样式显示。

例如6.5 中,在 XSL 样式表文件中,对于"xsl:value - of"标记按照其 select 属性的值在 XML 文档中找到匹配的标记,这时会把该标记包含的数据和该标记的子标记的数据全部显示。例6.5 显示结果如图6.6 所示。

例6.5

example 6 -5.xml

```
<? xml   version = "1.0"   encoding = "UTF - 8" ? >
<? xml - stylesheet href = "five - XSL.xsl"  type = "text/xsl"? >
<通讯录>
     <姓名> 张三
          <电话> 1234567 </电话>
          <email> weyou@yahoo.com </email>
          <所在城市> 北京 </所在城市>
     </姓名>
</通讯录>
```

five - XSL.xsl

```
<? xml version = "1.0" encoding = "UTF - 8"? >
<xsl:stylesheet xmlns:xsl = "http://www.w3.org/TR/WD - xsl" >
     <xsl:template match = "/" >
          <HTML>
               <body bgcolor = "yellow" >
                    <xsl:value - of select = "通讯录/姓名"/>
               </body>
          </HTML>
          </xsl:template>
</xsl:stylesheet>
```

图 6.6 example 6－5. xml 在浏览器中显示结果

6.4.3 xsl:for－each 标记

“xsl:for－each”标记可以以循环方式显示多个标记的数据。在学习该标记之前，我们先来看一个实例。

例 6.6

example 6－6. xml

```
<? xml version = "1.0" encoding = "UTF-8" ? >
<? xml-stylesheet href = "six-XSL.xsl" type = "text/xsl"? >
<列车表>
        <车次> T288 次 </车次>
        <车次> K123 次 </车次>
        <车次> 2631 次 </车次>
</列车表>
```

six－XSL. xsl

```
<? xml version = "1.0" encoding = "UTF-8"? >
<xsl:stylesheet xmlns:xsl = "http://www.w3.org/TR/WD-xsl" >
  <xsl:template match = "/" >
    <HTML>
    <body bgcolor = "yellow" >
        <xsl:value-of select = "列车表/车次"/>
        <xsl:value-of select = "列车表/车次"/>
        <xsl:value-of select = "列车表/车次"/>
```

```
        </body>
      </HTML>
    </xsl:template>
</xsl:stylesheet>
```

图 6.7 example 6－6. xml 文档的显示效果

将 example 6－6. xml 文件在浏览器中运行的显示结果如图 6.7 所示。从结果中不难发现第一个"车次"标记的数据显示了三次,而第二个和第三个"车次"标记的数据并没有显示,这并不是我们所希望的,那么这是什么原因？XSL 处理器从主模板开始转换,首先遇到第一个"value－of"标记,根据 select 属性到 XML 文档中寻找相应的标记,找到之后,返回 XSL 文件,进行转换,显示数据。同样,第二个、第三个"xsl:value－of"标记也是一样,找到数据后就返回,每次都是发现第一个"车次"标记的数据就返回,并未考虑是否被读取过。

假如要把三个"车次"标记的数据都读取出来,有两种解决方案:

方法一:针对"车次"标记建立模板。具体解决 XSL 文件如下:

```
<? xml version = "1.0"  encoding = "UTF-8"?  >
<xsl:stylesheet xmlns:xsl = "http://www.w3.org/TR/WD-xsl" >
  <xsl:template match = "/" >
    <HTML >
      <body bgcolor = "yellow" >
        <xsl:apply-templates select = "列车表/车次"/ >
      </body >
    </HTML >
  </xsl:template >
<xsl:template match = "//车次" >
<xsl:value-of/ >
</xsl:template >
</xsl:stylesheet >
```

方法二:采用“xsl:for－each”标记进行循环显示。该方法本节详细讲解。

“xsl:for－each”标记的格式如下:

```
<xsl:for－each select="标记匹配模式">
内容
</xsl:for－each>
```

该标记在模板中使用。XSL 处理器在执行此标记及其内容时,根据“xsl:for－each”标记中的“标记匹配模式”以循环方法到 XML 中寻找相匹配的标记,一旦找到这样的 XML 标记,则按照内容进行转换,直到不能再找到相匹配的 XML 标记时结束。

例 6.7 中,XSL 样式表文件的主模板中使用了“xsl:for－each”标记,该标记的内容是一个 HTML 标记,根据“xsl:for－each”后面“标记匹配模式”,能匹配上多少个标记,“xsl:for－each”标记的内容就会执行多少次。例 6.7 的显示结果如图 6.8 所示。

例 6.7

example 6－7.xml

```
<?xml  version="1.0"  encoding="UTF－8"?>
<?xml－stylesheet href="seven－XSL.xsl" type="text/xsl"?>
<学生名单>
    <foreignstudent>
        <name>lucy</name>
        <name>Daisy</name>
        <name>Dana</name>
    </foreignstudent>
    <国内学生>
        <姓名>王玉明</姓名>
        <姓名>吴文静</姓名>
    </国内学生>
</学生名单>
```

seven－XSL.xsl

```
<?xml version="1.0" encoding="UTF－8"?>
<xsl:stylesheet xmlns:xsl="http://www.w3.org/TR/WD－xsl">
  <xsl:template match="/">
    <HTML>
      <xsl:for－each select="//foreignstudent/name">
        <h3>  How are you  </h3>
      </xsl:for－each>
      <xsl:for－each select="//国内学生/姓名">
        <h3> 您好 </h3>
```

```
    </xsl:for - each>
  </HTML>
 </xsl:template>
</xsl:stylesheet>
```

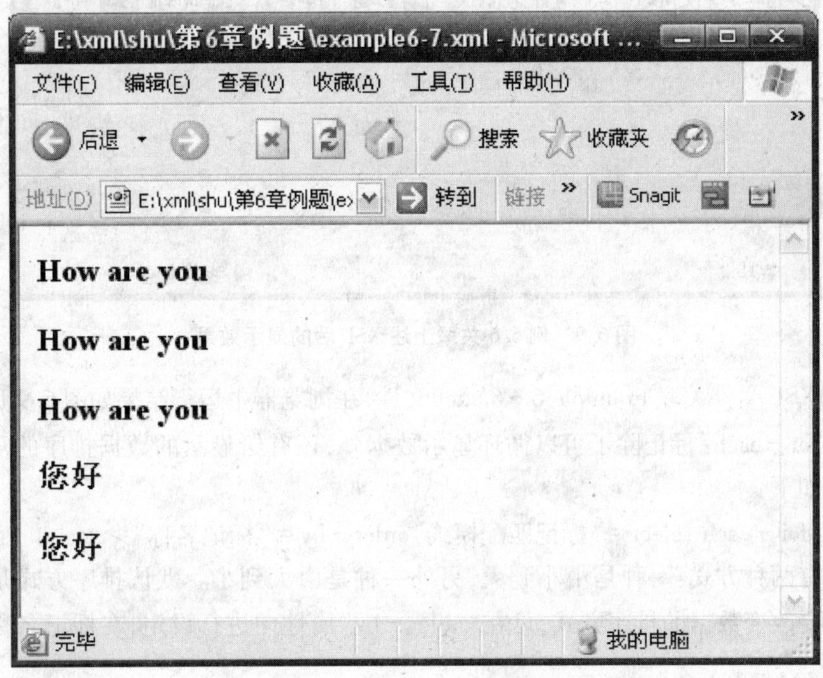

图 6.8 例 6.7 的显示结果

例 6.6 中，解决把三个“车次”标记的数据都读取出来的方法二，需要采用“xsl:for - each”标记的“select”属性指定“车次”标记，然后再使用“xsl:value - of”标记来提起该标记的内容。具体实现如下所示。

```
<? xml version = "1.0" encoding = "UTF - 8"? >
<xsl:stylesheet xmlns:xsl = "http://www.w3.org/TR/WD - xsl" >
 <xsl:template match = "/" >
  <HTML>
   <body bgcolor = "yellow" >
    <xsl:for - each select = "列车表/车次" >
    <xsl:value - of / >
    </xsl:for - each>
   </body>
  </HTML>
 </xsl:template>
</xsl:stylesheet>
```

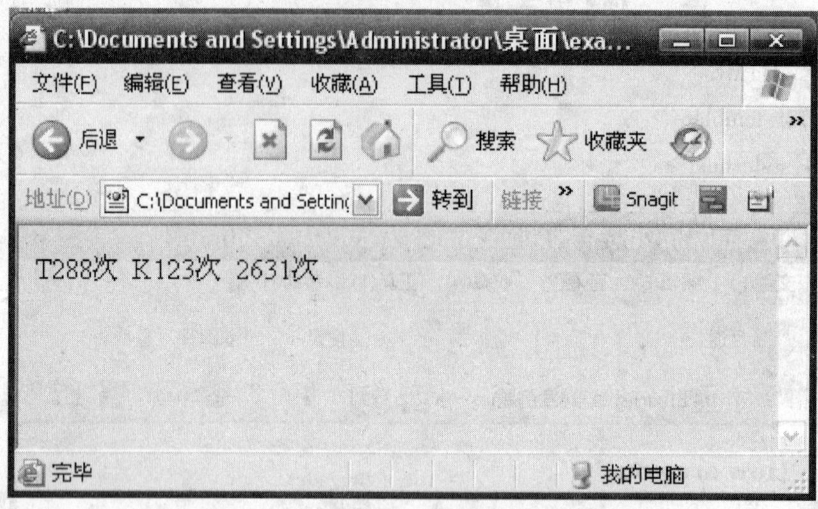

图 6.9 例 6.6 关联上述 XSL 后的显示效果

将该 XSL 文件关联 examlple 6 -6. xml 文件，在浏览器中运行结果如图 6.9 所示。

"xsl:for - each"标记除了可以循环显示数据外，还有给显示的数据排序的功能。其语法格式如下：

<xsl:for - each select = "标记匹配模式" order - by = "标记名称" >

排序有两种方式：一种是由小到大，另外一种是由大到小。默认排序方式是由小到大。如果要改变数据的排序方式，可在"order - by"属性中进行设定，在标记名称前加上"—"即可。

下面通过一个实例，进一步学习"xsl:for - each"标记的排序功能的应用。

例 6.8

example 6 - 8. xml

```
<? xml  version = "1.0"   encoding = "UTF - 8" ? >
<? xml - stylesheet href = "eight - XSL. xsl"  type = "text/xsl"  ? >
<学生名单>
    <学生>
        <姓名>王玉明</姓名>
        <年龄>23</年龄>
    </学生>
    <学生>
        <姓名>吴念诚</姓名>
        <年龄>27</年龄>
    </学生>
    <学生>
        <姓名>李立宁</姓名>
```

```
        <年龄>30</年龄>
    </学生>
    <学生>
        <姓名>张旭</姓名>
        <年龄>28</年龄>
    </学生>
</学生名单>
```

eight - XSL. xsl

```
<?xml version="1.0" encoding="UTF-8"?>
<xsl:stylesheet xmlns:xsl="http://www.w3.org/TR/WD-xsl">
  <xsl:template match="/">
    <HTML>
      <head><title>排序</title></head>
      <body>
          <xsl:for-each select="学生名单/学生" order-by="-年龄">
          <xsl:value-of select="."/> <br/>
        </xsl:for-each>
      </body>
    </HTML>
  </xsl:template>
</xsl:stylesheet>
```

例 6.8 中，<xsl:for-each select="学生名单/学生" order-by="-年龄">对其内容按照“年龄”由大到小的方式排序显示。其显示结果如图 6.10 所示。

图 6.10 XML 文档数据排序后结果

6.4.4 xsl:copy 标记

“xsl:copy”标记的作用是用来获取与其父标记中“标记匹配模式”相匹配的 XML 标记的名称及标记符号。其格式如下：

```
<xsl:copy>
内容
</xsl:copy>
```

或

```
<xsl:copy/>
```

该标记必须使用在模板中，作为模板标记的子标记。下面例 6.9，XSL 样式表文件使用“xsl:copy”标记来获取 XML 标记的名称，用浏览器打开 exmple 6-9.xml 的效果如图 6.11 所示。

例 6.9

exmple 6-9.xml

```
<?xml version="1.0" encoding="UTF-8"?>
<?xml-stylesheet href="nine-XSL.xsl" type="text/xsl"?>
<商品列表>
    <日用商品>
        <商品编号>A001</商品编号>
        <名称>牙刷</名称>
        <价格>2.5元</价格>
        <生产日期>2011-03-12</生产日期>
    </日用商品>
    <日用商品>
        <商品编号>C001</商品编号>
        <名称>香皂</名称>
        <价格>3.8元</价格>
        <生产日期>2011-01-19</生产日期>
    </日用商品>
    <日用商品>
        <商品编号>M001</商品编号>
        <名称>洗洁精</名称>
        <价格>3.9元</价格>
        <生产日期>2011-01-10</生产日期>
    </日用商品>
</商品列表>
```

nine - XSLxsl

```
<? xml version = "1.0" encoding = "UTF - 8"? >
<xsl:stylesheet xmlns:xsl = "http://www.w3.org/TR/WD - xsl" >
  <xsl:template match = "/" >
    <HTML >
      <table border = "1" >
        <xsl:apply - templates select = "//日用商品" / >
      </table >
    </HTML >
  </xsl:template >
    <xsl:template match = "//日用商品" >
        <tr > <xsl:apply - templates select = "./ * "  / > </tr >
    </xsl:template >
    <xsl:template match = "商品列表/日用商品/ * " >
        <td >  <xsl:copy >  <xsl:value - of / > </xsl:copy >  </td >
    </xsl:template >
</xsl:stylesheet >
```

图 6.11　用浏览器打开 exmple 6 - 9. xml 的效果

6.4.5　xsl:if 标记

“xsl:if”标记主要用来在模板中设置相应的条件，来达到 XML 文档中数据进行过滤的功能。其格式如下：

```
<xsl:if  test="条件">
    内容
</xsl:if >
```

该标记在模板中使用,作为模板标记的子标记。该标记中有一个比较重要的属性 test,该属性的值用来设置标记过滤的条件,只有当 test 设置的条件成立的时候,XSL 处理器才会对“xsl:if”标记中的“标记内容”进行变换。

下面针对属性 test 的取值进行讨论。

6.4.5.1　属性条件

使用属性作为过滤条件的格式如下:

```
<xsl:if  test=".[@属性名称]">
    内容
</xsl:if >
```

其中 test 属性值中“.”代表了在 XML 中的当前标记,即和“xsl:if”标记的父标记匹配模式能匹配上的 XML 中的标记,test 条件是判断当前标记是否含有某个属性,如果有,则对“xsl:if”标记内容进行转换,否则结束“xsl:if”向后进行转换。

6.4.5.2　属性值条件

使用属性值作为过滤条件的格式如下:

格式 1:

```
<xsl:if  test=".[@属性名称 关系操作符 '特定属性值']">
    内容
</xsl:if>
```

格式 2:

```
<xsl:if  test=".[@属性名称 关系操作符 特定属性值 ]">
    内容
</xsl:if>
```

其中 test 属性值中“.”代表了在 XML 中的当前标记即和“xsl:if”标记的父标记匹配模式能匹配上的 XML 中的标记,test 条件是判断当前标记中某个属性是否满足与特定属性值之间的关系,如果满足,则对“xsl:if”标记内容进行转换,否则结束“xsl:if”向后进行转换。

注意,格式 1 中,关系运算将按字典顺序比较大小,特定属性值要加单引号;格式 2 中,关系运算将按照数字比较大小。例如:

```
<xsl:if  test=".[@price $gt$ 30 ]">
    内容
</xsl:if>
```

Test 属性值中的关系运算符是用其实体引用符,即 \$eq\$(=)、\$ne\$(!=)、\$lt\$(<)、\$gt\$(>)、\$ge\$(>=)、\$le\$(<=)、\$or\$(逻辑或)、\$and\$(逻辑与)、\$not\$(逻辑非)。

6.4.5.3 子标记条件

使用子标记作为过滤条件的格式如下:

<xsl:if test="./子标记名称">
内容
</xsl:if>

其中 test 属性值中"."代表了在 XML 中的当前标记,即和"xsl:if"标记的父标记匹配模式能匹配上的 XML 中的标记,test 条件是判断当前标记中是否含有某个子标记,如果有,则对"xsl:if"标记内容进行转换,否则结束"xsl:if"向后进行转换。

6.4.5.4 子标记及属性条件

使用子标记及属性作为过滤条件的格式如下:

<xsl:if test="./子标记名称[@属性名称]">
内容
</xsl:if>

其中 test 属性值中"."代表了在 XML 中的当前标记,即和"xsl:if"标记的父标记匹配模式能匹配上的 XML 中的标记,test 条件是判断当前标记含有某个子标记,而且该子标记还有某个属性,如果满足,则对"xsl:if"标记内容进行转换,否则结束"xsl:if"向后进行转换。

6.4.5.5 子标记及属性、属性值条件

使用子标记及属性、属性值作为过滤条件的格式如下:

格式 1

<xsl:if test="./子标记名称[@属性名称 关系操作符'特定属性值']">
内容
</xsl:if>

格式 2

<xsl:if test="./子标记名称[@属性名称 关系操作符 特定属性值]">
内容
</xsl:if>

其中 test 属性值中"."代表了在 XML 中的当前标记,即和"xsl:if"标记的父标记匹配模式能匹配上的 XML 中的标记,test 条件是判断当前标记含有某个子标记,而且该子标记某个属性的属性值和特定值进行"关系比较"的结果是否为真,如果为真,则对"xsl:if"标记内容进行转换,否则结束"xsl:if"向后进行转换。

下面通过两个实例进一步学习"xsl:if"标记的使用。例 6.10 中,使用"xsl:if"标记设置条件过滤数据。

例 6.10 中,XML 文档是关于轿车的信息,在样式表中使用了"xsl:if"标记,使用"轿车"标记的"length"作为"test"条件,轿车的车长超过 380cm 的轿车名称用蓝色字体显示其车品牌名称及价钱,并在名称列加下标"三厢";反之,轿车名称用红色字体显示其车品牌名称及价钱,并在名称列加下标"两厢"。example 6-10.xml 在浏览器中运行显示如图 6.12 所示。

例 6.10

example 6 - 10. xml

```
<? xml version = "1.0" encoding = "UTF - 8" ? >
<? xml - stylesheet href = "ten - XSL. xsl" type = "text/xsl" ? >
<轿车列表>
    <轿车 length = "490" >
        <名称>马自达 6 </名称>
        <价格>18 万元</价格>
    </轿车>
    <轿车 length = "360" >
        <名称>福特嘉年华</名称>
        <价格>14 万元</价格>
    </轿车>
    <轿车 length = "360" >
        <名称>大众 polo </名称>
        <价格>12 万元</价格>
    </轿车>
    <轿车 length = "480" >
        <名称>通用别克</名称>
        <价格>13 万元</价格>
    </轿车>
</轿车列表>
```

ten - XSL. xsl

```
<? xml version = "1.0" encoding = "UTF - 8"? >
<xsl:stylesheet xmlns:xsl = "http://www.w3.org/TR/WD - xsl" >
  <xsl:template match = "/" >
    <HTML>
      <table border = "1" >
        <xsl:for - each select = "//轿车" >
          <tr> <xsl:apply - templates select = "."/> </tr>
        </xsl:for - each>
      </table>
    </HTML>
  </xsl:template>
  <xsl:template match = "//轿车" >
    <xsl:if test = ".[@length $gt$ 380]" >
```

```
        <td><h1><font color="blue"><xsl:value-of select="./名称"/>
        </font></h1><sub>三厢</sub></td>
    </xsl:if>
    <xsl:if test=".[@length $le$ 380]">
        <td><h1><font color="red"><xsl:value-of select="./名称"/>
        </font></h1><sub>两厢</sub></td>
    </xsl:if>
    <td><h1><xsl:value-of select="./价格"/>
        </h1></td>
    </xsl:template>
</xsl:stylesheet>
```

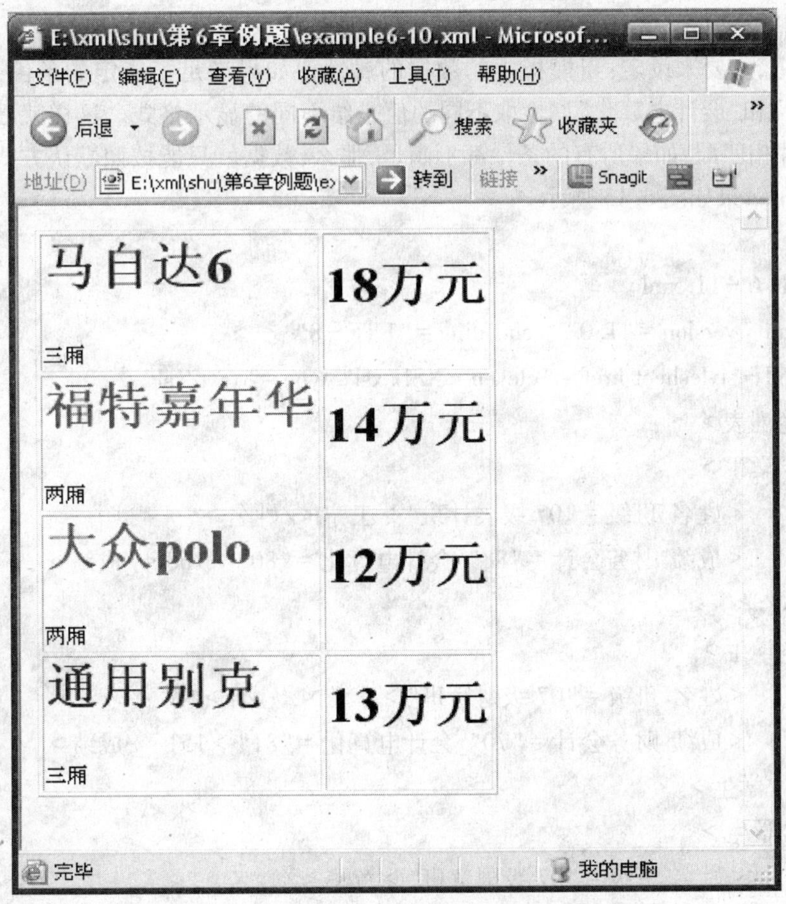

图 6.12　example 6-10.xml 在浏览器中运行显示

6.4.6　xsl:choose 标记

在 XSL 中，除了可以使用简单的条件判断标记“xsl:if”外，还能进行多条件判断。即使用标记“xsl:choose”和它的两个子标记“xsl:when”“xsl:otherwise”。多条件判断指令的一般格式如下：

```
<xsl:choose>
    <xsl:when   test="条件1">内容</xsl:when>
    ……
    <xsl:when   test="条件n">内容</xsl:when>
    <xsl:otherwise >内容<xsl:otherwise >
</xsl:choose>
```

这样的结构，和 Java 中的多分支语句执行的流程一样。从第一个 <xsl:when> 开始寻找，若其中第一个 test 条件满足后，才执行该“xsl:when”标记中的内容，执行完后跳出当前的“xsl:choose”标记。否则，继续向后寻找是否有和 test 条件相匹配的，没有的话，执行最后“xsl:otherwise”标记的内容。下面通过一个实例认识“xsl:choose”标记的应用。

例 6.11 中，XML 文档是关于学生成绩的列表信息，XSL 样式表文件中使用“xsl:choose”标记，主要来设定：当模板中的数据的属性值如果满足了指定的条件，也就是当“财务会计”和“会计电算化”属性取不同的值是给不同的显示格式。这样就看属性的值跟哪个条件相匹配，如果所有的条件都不满足，那么，数据就只能按照默认方式显示。例 6.11 的显示结果如图 6.13 所示。

例 6.11

example 6-11.xml

```
<?xml   version="1.0"   encoding="UTF-8" ? >
<?xml-stylesheet href="eleven-XSL.xsl" type="text/xsl" ? >
<学生列表>
    <学生>
        <姓名 班级="07级会计班">王宁</姓名>
        <成绩 财务会计="88" 会计电算化="80">168</成绩>
    </学生>
    <学生>
        <姓名 班级="07级财管班">李玉</姓名>
        <成绩 财务会计="70" 会计电算化="81">151</成绩>
    </学生>
    <学生>
        <姓名 班级="07级国贸班">章华</姓名>
        <成绩 财务会计="90" 会计电算化="90">180</成绩>
    </学生>
</学生列表>
```

eleven - XSL. xsl

```
<? xml version = "1.0" encoding = "UTF - 8"? >
<xsl:stylesheet xmlns:xsl = "http://www.w3.org/TR/WD - xsl" >
  <xsl:template match = "/" >
    <HTML >
        <head > <title >学生成绩表 </title > </head >
        <body >
        <xsl:apply - templates select = "学生列表/学生/ * "/ >
        </body >
    </HTML >
  </xsl:template >
  <xsl:template match = "//姓名" >
     <xsl:value - of select = "."/ >
  </xsl:template >
  <xsl:template match = "//成绩" >
    <xsl:choose >
      <xsl:when test = ".[@财务会计 > =90  $and$  @会计电算化 > =90]" >
        <font color = "red" >
          <xsl:value - of select = "."/ >
        </font >
      </xsl:when >
        <xsl:when test = ".[@财务会计 > =80  $and$  @会计电算化 > =80]" >
        <font color = "green" >
          <xsl:value - of select = "."/ >
        </font >
    </xsl:when >
    <xsl:when test = ".[@财务会计 > =70  $and$  @会计电算化 > =70]" >
          <font color = "purple" >
            <xsl:value - of select = "."/ >
          </font >
        </xsl:when >
        <xsl:when test = ".[@财务会计 > =60  $and$  @会计电算化 > =60]" >
          <font color = "blue" >
            <xsl:value - of select = "."/ >
          </font >
        </xsl:when >
```

```
        </xsl:choose>
    </xsl:template>
</xsl:stylesheet>
```

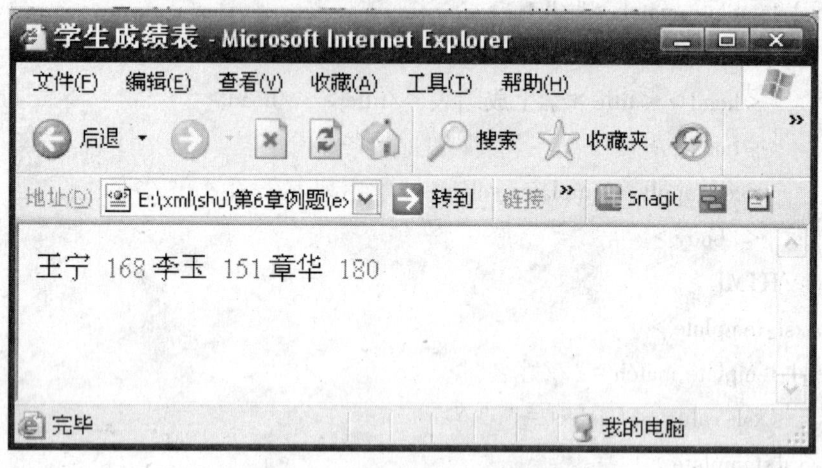

图 6.13　例 6.11 的显示结果

6.5　XSL 应用实例

下面例 6.12 以 example 6－12.xml 源文件，使用 XSL 样式表为其设计相应的显示样式，其显示的效果如图 6.14 所示。也可以通过本章的学习，自己设计制作，编写更好的显示样式。

例 6.12

example 6－12.xml

```
<? xml  version = "1.0"  encoding = "UTF-8" ? >
<? xml-stylesheet href = "twelve-XSL.xsl" type = "text/xsl" ? >
<电影信息>
    <电影 class = "动作片">
        <片名>关云长</片名>
        <主演>甄子丹、姜文、孙俪、聂远、王学兵、安志杰、李宗翰、邵兵等</主演>
        <导演>麦兆辉、庄文强</导演>
        <简介>在曹操大败刘备之后，二弟关云长为保护嫂嫂安危，被迫降曹，演
绎了一段处“身在曹营心在汉”的千古经典故事。</简介>
    </电影>
    <电影 class = "动作片">
        <片名>战国</片名>
```

```
        <主演>孙红雷、景甜、金喜善、吴镇宇等</主演>
        <导演>金琛</导演>
        <简介>战国时期孙膑协作齐国国君打败魏国庞涓的千古经典故事。</简介>
    </电影>
    <电影 class="喜剧片">
        <片名>蔡李佛拳</片名>
        <主演> 王宝强、吴孟达、叶璇等</主演>
        <导演>程东</导演>
        <简介>一部用动作喜剧的电影手法向观众展现蔡李佛现代传奇故
事。</简介>
    </电影>
    </电影信息>
  twelve-XSL.xsl
  <? xml version="1.0" encoding="UTF-8"? >
  <xsl:stylesheet xmlns:xsl="http://www.w3.org/TR/WD-xsl">
  <xsl:template match="/">
      <html>
      <head><title>电影列表</title></head>
      <body bgcolor="silver">
      <xsl:apply-templates select="电影信息/电影"/>
      </body>
      </html>
  </xsl:template>
  <xsl:template match="电影">
    <xsl:choose>
      <xsl:when test=".[@class $eq$ 动作片]">
          <font size=18´style=ítalic´color="purple"><xsl:value-of select="片
名"/></font>
      </xsl:when>
      <xsl:when test=".[@class $eq$ 喜剧片]">
          <font size=18´style=ítalic´color="blue"><xsl:value-of select="片
名"/></font>
      </xsl:when>
    <xsl:otherwise></xsl:otherwise>
  </xsl:choose>
      <xsl:value-of select="@class"/><br/>
```

```
&lt;主演&gt;<xsl:value-of select="主演"/><br/>
        <font size=4' weight=bold' color="teal">导演：<xsl:value-of select="导演"/></font><br/>
        <font size=6' weight=bold' color="maroon">简介</font><xsl:value-of select="简介"/><br/><hr/>
    </xsl:template>
    </xsl:stylesheet>
```

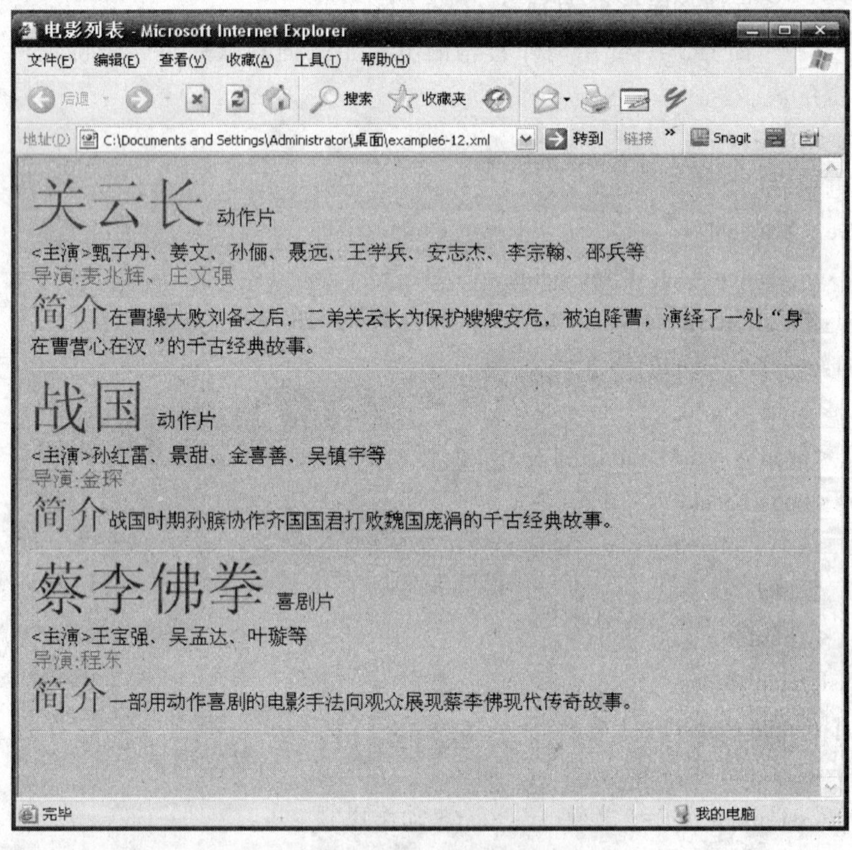

图 6.14　例 6.12 的显示结果

6.6　实训

实训目的：

- ▶ 掌握使用 XSL 样式表语言显示 XML 文档的方法；
- ▶ 掌握如何书写 XSL 样式表；
- ▶ 学会调试 XML 与 XSL 关联的程序；
- ▶ 掌握 XSL 语法。

实训内容：

XML源文件为学生列表，选择班中同学的基本信息来构建XML文档。使用XSL样式表完成其显示。

实训步骤：

(1)完成XML文档编写，首先根据上述实训内容收集相关数据，完成XML文档的编写。

(2)编写与XML文档相对应的XSL样式表。

(3)调试运行

6.7 小结

本章介绍了如何使用XSL来显示XML文档，主要包括：如何在XML文档中关联XSL样式表文件；如何使用XSL中的模板标记；如何使用XSL中常用标记提取标记内容及如何选择标记及标记属性等内容。

习题6

一、选择题

1. 在XSL中用来进行访问节点的指令是(　　)。

A. <xsl:value-of>　　B. <xsl:template>

C. <xsl:sort>　　D. <xsl:apply-templates>

2. 在XSL中用来进行调用模板的指令是(　　)。

A. <xsl:value-of>　　B. <xsl:template>

C. <xsl:sort>　　D. <xsl:apply-templates>

3. 以下不是XSL元素的是(　　)。

A. xsl:element　　B. xsl:copy

C. xsl:background　　D. xsl:choose

4. 对于下面的XML文档

```
<?xml version="1.0" encoding="UTF-8"?>
<doc>
    <name>
        <fname>Tom</fname>
        <lname>Crown</lname>
    </name>
    <position>CIO</position>
```

```
    <year>10</year>
</doc>
```

下面的 XSL 模板的输出是(　　)。

```
<xsl:template match="name">
    <xsl:value-of select="./*"/>
</xsl:template>
```

A. Tom

B. Tom……Crown

C. CI0

D. CI0　10

二、简答题

1. XSL 样式表文件的基本结构是什么形式的?

2. XSL 必须有主模板吗? 如果是,那么主模板格式是什么样的?

3. XML 文档中如何关联 XSL 样式表文件?

4. 以下是 XML 文档和 XSL 文档,写出 XML 运行的显示结果。

XML 文档:

```
<?xml version="1.0" encoding="UTF-8"?>
<?xml-stylesheet type="text/xsl" href="valueeach.xsl"?>
<客户名单>
    <客户>
        <姓名>张三</姓名>
        <地址>北京</地址>
    </客户>
    <客户>
        <姓名>李四</姓名>
        <地址>上海</地址>
    </客户>
</客户名单>
```

XSL 文档:

```
<?xml version="1.0" encoding="gb2312"?>
<xsl:stylesheet xmlns:xsl="http://www.w3.org/TR/WD-xsl">
<xsl:template match="/">
      <html>
         <body>
            <table border="1">
            <tr>
```

```
            <th>客户的姓名</th>
            <th>客户的地址</th>
          </tr>
          <xsl:for-each select="客户名单/客户">
          <tr>
            <td width="50px"><xsl:value-of select="姓名"/></td>
            <td width="50px"><xsl:value-of select="地址"/></td>
          </tr>
          </xsl:for-each>
          </table>
          </body>
    </html>
  </xsl:template>
</xsl:stylesheet>
```

第七章　DOM 接口技术

主要内容

- ▶ DOM 概述
- ▶ DOM 规范主要接口
- ▶ JAXP、DOM 和解析器
- ▶ JAXP 读取 XML 文档信息
- ▶ JAXP 编辑 XML 文档
- ▶ JAXP 生成 XML 文档

难点

- ▶ JAXP 操作 XML 文档

现在，应该开始研究 XML 文档的结构，以及如何利用它描述层次化信息。我们将说明如何通过程序访问 XML 文档。其中一种方法是通过文档对象模型（Document Object Model，DOM）。在本章中，我们将介绍文档对象模型，并借助几个程序实例解释它的功能。

7.1　什么是文档对象模型

文档对象模型一词在 Web 浏览器领域并不少见。窗口、文档和历史等对象都被认为是浏览器对象模型的一部分。然而，任何做过 Web 开发的人都知道各种浏览器实现这些对象的方式不尽相同。对于如何通过 Web 访问和操作文档结构这个问题，为了创建更加标准化的方法，W3C 提出了目前的 W3C DOM 规范。

W3C DOM 是一种独立于语言和平台的定义，它定义了构成 DOM 的不同对象的定义，却没有提供特定的实现，实际上，它能够用任何编程语言实现。例如，为了通过 DOM 访问传统的数据存储，可以将 DOM 实现为传统数据访问功能之外的一层包装。利用 DOM 中的对象，开发人员可以对文档进行读取、搜索、修改、添加和删除等操作。DOM 为文档导航以及操作 HTML 和 XML 文档的内容和结构提供了标准函数。

7.1.1　XML 文档结构

刚刚接触 XML 的开发人员常常会认为 XML 的主要目的是为文件中的信息片段命名，使之易于被其他人理解。结果，这些新手开发的文档简直如同“标记汤”——无序的数据元素列表与有意义的标记名称组合在一起，它与普通的文件一样都将信息置于同一层。典型的如下所示：

```
<? xml version = "1. 0"? >
<订单>
    <客户>陈红</客户>
    <地址>大学路 100 号<地址>
    <城市>南宁</城市>
    <产品>芒果</产品>
    <数量>30</数量>
    <产品>荔枝</产品>
    <数量>130</数量>
    <产品>木瓜</产品>
    <数量>60</数量>
</订单>
```

许多开发人员都忽略了 XML 能够表达元素之间的关系特别是表示两个元素的父子关系这一特性。如果将上述文件改写为以下形式，将产生更好的效果：

```
<? xml version = "1. 0"? >
<订单>
    <客户>
        <姓名>陈红</姓名>
        <地址>大学路 100 号</地址>
        <城市>南宁</城市>
    </客户>
    <ITEM>
        <产品>芒果</产品>
        <数量>30</数量>
    </ITEM>
    <ITEM>
        <产品>荔枝</产品>
        <数量>130</数量>
    </ITEM>
    <ITEM>
        <产品>木瓜</产品>
        <数量>60</数量>
    </ITEM>
</订单>
```

此文档在浏览器中的显示形式如图 7.1 所示。

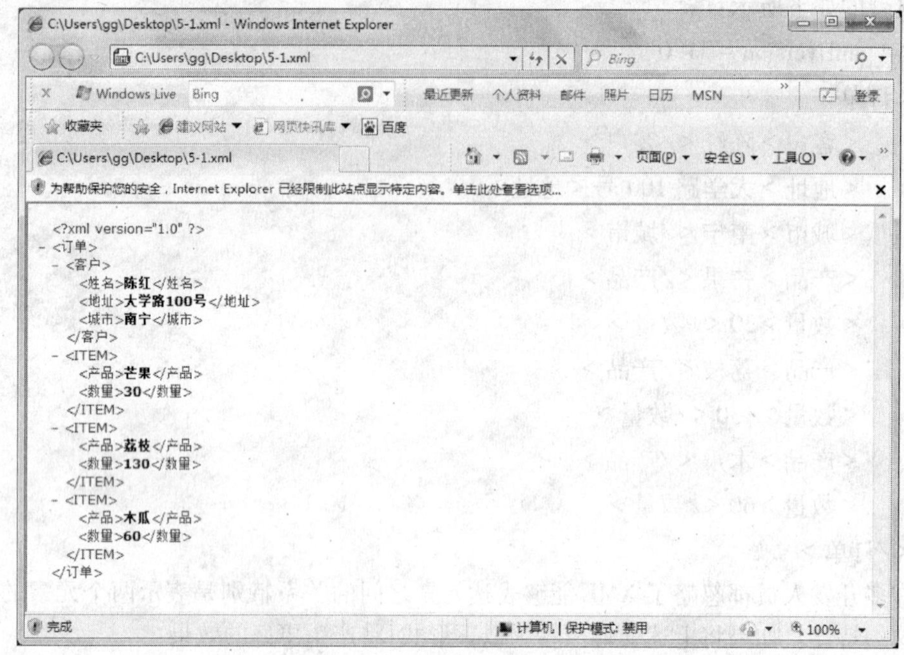

图 7.1 XML 文档在 IE 浏览器中的显示效果

在这种形式的文档中，订单元素显然包括四个子元素。它还简化了文档的搜索。如果我们要寻找木瓜的所有订单，可以查询“产品”子元素为“木瓜”的 ITEM 元素，而不必依次查看每个“产品”元素。

以上文档结构可以用图 7.2 中的节点树表示，它显示了所有元素以及它们之间的相互关系。如果要给文本文件中的订单增加项目，必须读取文件直至发票的最后一个项目的末尾，插入新的项目文本，然后继续处理文档的后续部分。正如你所料，这种技术很快会变得非常棘手，特别是当节点树变得越来越深时。然而，如果你能够根据树结构以节点形式对文档进行操作，添加项目就轻而易举了：只需创建新的 ITEM 节点，并将它作为“订单”节点的子节点。

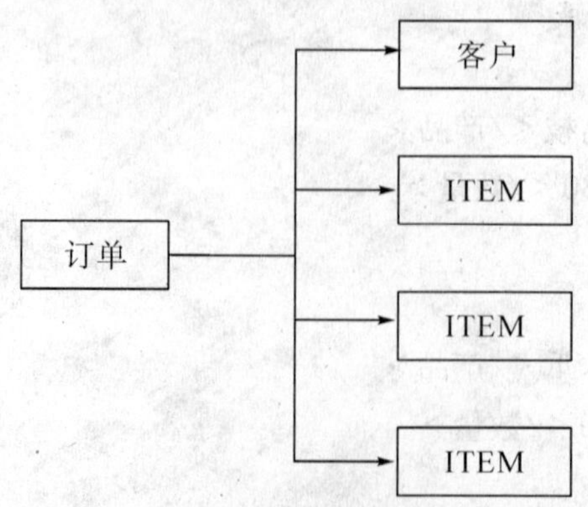

图 7.2 文档分层结构图

这就是 DOM 的工作原理。

当你使用 DOM 对 XML 文本文件进行操作时，它首先要解析文件，将文件分解为独立的元素、属性和注释等。然后，它以节点树的形式(在内存中)创建 XML 文件的表示。此后，开发人员可以通过节点树访问文档的内容，并根据需要修改文档。

事实上，DOM 执行了更进一步的操作，它将文档中的每个项目看作节点——元素、属性、注释、处理指令，甚至构成属性的文本。因此，对于我们上面的例子，DOM 实际上会将文档表示为图 7.3 所示的形式。

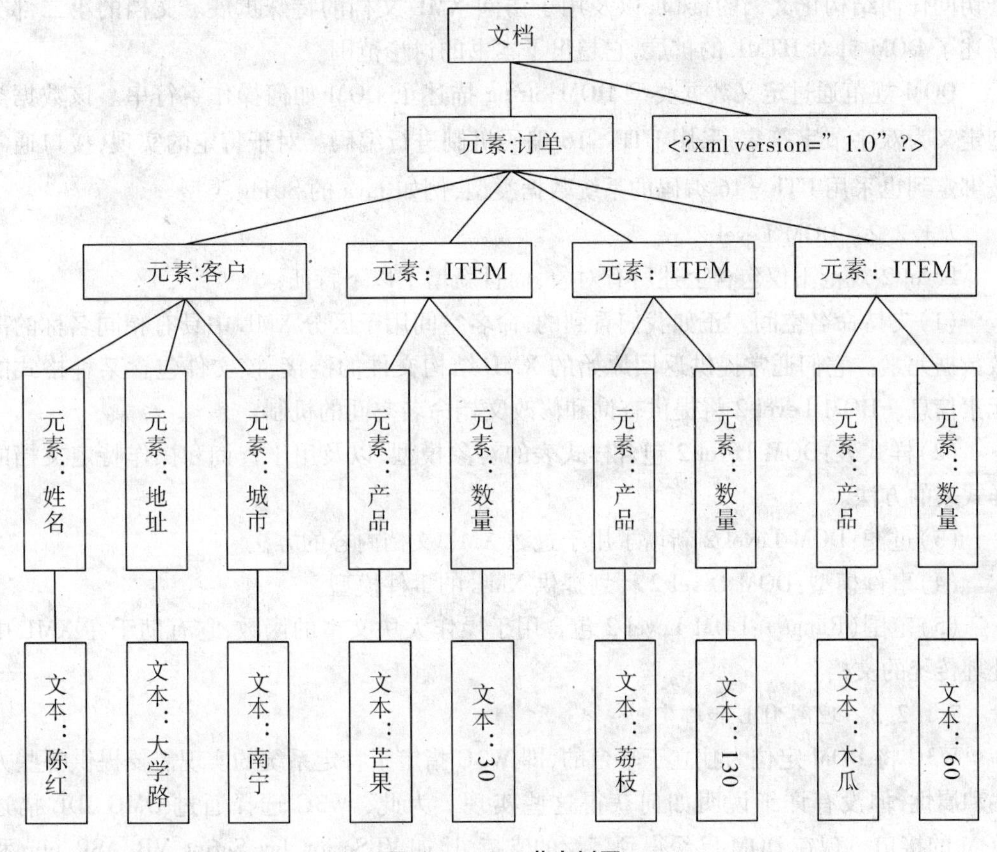

图 7.3 DOM 节点树图

图 7.3 中文档为根节点，是访问整棵树的入口，其子节点可以是根元素、处理指令、注释等类型的节点。图 7.3 中根元素为“订单”，处理指令为 <? xml version = ” 1.0”？ >，注释本例没有。一般地讲，元素类型的节点可以有的子节点类型为元素类型和文本类型。本例中根节点的子节点为 4 个元素类型，1 个客户和 3 个 ITEM。客户节点又有三个元素型子节点“姓名”、“地址”和“城市”。每个 ITEM 节点包含两个元素“产品”和“数量”。图中最后一行中的节点类型为文本型的节点，是分析时需要特别注意的地方，因为稍不注意就可能认为“姓名”的值为“陈红”而不是将之作为两个不同类型的节点。在 DOM 节点树分析中还有一点需特别注意：有些元素含有属性，属性类型的节点也出现在 DOM 树中，它只能和元素类型的节点相关联，而且不是作为元素类型的子节点

出现的,以和子元素相区别。

7.1.2 DOM 规范

与其他 Internet 标准一样, DOM 规范也是由 W3C 维护的。W3C 提出了两个 DOM 文档:Level 1 和 Level 2 文档。

7.1.2.1 DOM Level 1

Level 1 文档包含两个主要部分。第一部分,文档对象模型(核心) Level 1 定义了用于访问任何结构化文档的接口,以及用于访问 XML 文档的特殊扩展。文档的第二部分描述了 DOM 针对 HTML 的扩展,它超出了本书的讨论范围。

DOM 规范通过定义数据类型 DOM String 描述了 DOM 如何操作字符串。该数据类型定义为双字节字符集,采用 UTF－16 编码机制进行编码。对于特定的实现,接口通常被绑定到也采用 UTF－16 编码的系统数据类型,例如 Java 的 String 类型。

7.1.2.2 DOM Level 2

Level 2 规范不仅包含上述所有对象,而且新增了以下特征:

(1)支持命名空间。正如我们看到的,命名空间用于区分 XML 中具有相同名称的离散数据元素。它们通常提供返回原始的 XML 结构文件的链接,该文件包含某种格式的元素信息。DOM Level 2 将提供查询和修改文档命名空间的机制。

(2)样式表:DOM Level 2 包含样式表的对象模型,以及用于查询和操作特定文档的样式表的方法。

(3)过滤:DOM Level 2 新增了用于过滤 XML 文档内容的方法。

(4)事件模型:DOM Level 2 计划提供 XML 的事件模型。

(5)范围(Range):DOM Level 2 包含用于操作大块文本的函数,它有助于在 XML 中处理传统的文档。

7.1.2.3 理解 IDL 和绑定

W3C 将 DOM 定位为独立于平台的,即 W3C 指定了特定系统的实现需要提供哪些方法和属性,但没有详细说明如何获得这些实现。为此, W3C 选择通过 OMG IDL 描述 DOM 的接口。现在 DOM 已经得到广泛的支持,比如 VBScript、JavaScript、VB、ASP、php 和 Java 等。本书以 Java 技术为例介绍。

7.2 DOM 对象

XML DOM 把 XML 文档视为一种树结构。这种树结构被称为节点树。可通过这棵树访问所有节点。可以修改或删除它们的内容,也可以创建新的元素。W3C DOM 仅仅提供了 DOM 类库的接口定义,而没有提供特定的实现。编写通过 DOM 访问 XML 文件的软件时,必须使用特定的 DOM 实现。实现是某种形式的类库,它设计为运行在特定的硬件和软件平台上,并访问特定的数据存储。下面对 DOM 的基本接口做一个简单的介绍。

7.2.1　DOM 基本接口

在 DOM 接口规范中有许多接口，其中最基本的接口为 Document，Node，NameNodeMap，NodeList。在这四个基本接口中，Node 接口是其他大多数接口的父接口，Document、Element、Attribute、Text、Comment 等接口都继承自 Node 接口。Document 接口是对文档进行操作的入口，对应于 DOM 树的根节点。NodeList 接口是节点的集合，它包含某个节点的所有子节点。NameNodeMap 接口也是节点的集合，通过该接口可以建立节点名和节点之间的一一映射关系，从而利用节点名可以直接访问特定节点，常用于某元素节点的所有属性的操作。下面对这四个接口分别做一些介绍。

7.2.1.1　Document 接口

Document 接口代表了整个 XML/HTML 文档，因此它是整棵文档树的根，提供了对文档中的数据进行访问和操作的入口。

由于元素、文本节点、注释、处理指令等都不能脱离文档的上下文关系而独立存在，所以在 Document 接口提供了创建其他节点对象的方法，通过该方法创建的节点对象都有一个 ownerDocument 属性，用来表明当前节点是由谁所创建的以及节点同 Document 之间的联系。

Document 节点是 DOM 树中的根节点，即是对 XML 文档进行操作的入口节点。通过 Docuemt 节点，可以访问到文档中的其他节点，如处理指令、注释、文档类型以及 XML 文档的根元素节点等。另外，在一棵 DOM 树中，Document 节点可以包含多个处理指令、多个注释作为其子节点，而文档类型节点和 XML 文档根元素节点都是唯一的。

7.2.1.2　Node 接口

Node 接口在整个 DOM 树中具有举足轻重的地位，DOM 对象模型接口中有很大一部分接口是从 Node 接口继承过来的，例如，Element、Attr、CDATASection 等接口，都是从 Node 继承过来的。在 DOM 树中，Node 接口代表了树中的一个节点。Node 接口提供了访问 DOM 树中元素内容与信息的途径，并给出了对 DOM 树中的元素进行遍历的支持。

7.2.1.3　NodeList 接口

NodeList 接口提供了对节点集合的抽象定义，它并不包含如何实现这个节点集的定义。NodeList 用于表示有顺序关系的一组节点，比如某个节点的子节点序列。另外，它还出现在一些方法的返回值中，例如 GetNodeByName。

在 DOM 对象模型中，NodeList 的对象是"live"的，换句话说，对文档的改变，会直接反映到相关的 NodeList 对象中。例如，如果通过 DOM 获得一个 NodeList 对象，该对象中包含了某个 Element 节点的所有子节点的集合，那么，当再通过 DOM 对 Element 节点进行操作（添加、删除、改动节点中的子节点）时，这些改变将会自动地反映到 NodeList 对象中，而不需 DOM 对象模型应用程序再做其他额外的操作。NodeList 中的每个 item 都可以通过一个索引来访问，该索引值从 0 开始。

7.2.1.4　NamedNodeMap 接口

实现了 NamedNodeMap 接口的对象中包含了可以通过名字来访问的一组节点的集合。不过注意，NamedNodeMap 并不是从 NodeList 继承过来的，它所包含的节点集中的节点是无序的。尽管这些节点也可以通过索引来进行访问,但这只是提供了枚举 NamedNodeMap 中所包含节点的一种简单方法,并不表明在 DOM 对象模型规范中为 NamedNodeMap 中的节点规定了一种排列顺序。

NamedNodeMap 表示的是一组节点和其唯一名字的一一对应关系,这个接口主要用在属性节点的表示上。与 NodeList 相同,在 DOM 中,NamedNodeMap 对象也是"live"的。

除上面的四个基本接口,常用的接口还有 Element 接口、Text 接口、CDATASection 接口、Attr 接口等。其中 Element 接口继承自 Node 接口,表示 XML 或 HTML 文档中的一个元素。元素可能有与之相关的属性,由于 Element 继承 Node,所以可以使用 Node 接口属性 attributes 来获得元素所有属性的集合。Element 接口上有通过名称获得 Attr 对象或属性的方法。

Text 接口继承 CharacterData,并且表示 Element 或 Attr 的文本内容。如果元素的内容中没有标记,则文本包含在实现 Text 接口的单个对象中,此接口是该元素的唯一的孩子。如果有标记,则将它解析为信息项(元素、注释等)和组成该元素的子元素列表的 Text 节点。

7.3 Java 处理 XML 概述

XML 文件是一个数据载体,也是程序之间进行沟通的方式,在程序设计中占有着重要地位。对文件的操作可以归结为对 XML 文件的读入、处理和保存等三个基本技术。处理 XML 文件,需要一个 XML 解析器,解析器的作用在于为应用程序提供现成的读写、维护 XML 数据文件的途径。如果没有 XML 解析器,程序员只能将 XML 文件当作文本来处理,需要做很多底层程序设计工作,例如,从文件查找标记、识别标记名称等。XML 解析器的存在将程序员从繁复的底层工作中解放出来,进而将精力集中到数据使用的算法上,而不是数据读写的细节。图 7.4 演示了 XML 解析器在程序开发中的作用。

图 7.4　解析器和应用程序关系示意图

解析器在 XML 数据操作中起着重要作用,在 XML 规范发布之初,很多机构和个人都发布了自己的 XML 解析器。不同的解析器往往具有不同的操作接口。为了规范 XML 解析器的操作接口,W3C 提出了 DOM 操作规范。此外还有一些接口,虽然不是 W3C 提出,但由于使用的人员众多,从而形成标准,SAX 就是其中一种。目前,SAX 也是被 W3C 认可的标准。还有一些解析器,虽然没有形成统一标准,但由于使用群体十分众多,并且一直在一些领域使用,所以长时间存在。JDOM 和 DOM4J 就是这种类型的软件模块。总体上,接口代表操作方法,DOM SAX 只是规范接口的标准,而不是一种软件,它们和解析器间的关系如图 7.5 所示(其中,小圆圈代表接口,它是 XML 分析器向外界提供服务的标准)。

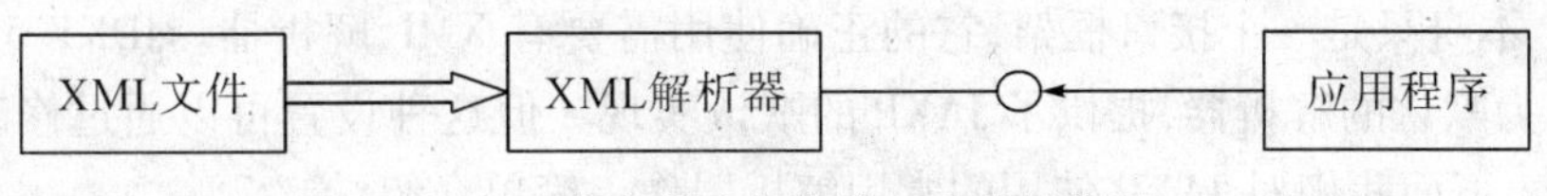

图 7.5　解析器和标准接口之间的关系

7.3.1　Java 处理 XML 文件的接口

对 XML 文件进行维护和操作的接口，目前存在两类标准：DOM 和 SAX。前者将 XML 文件当作整体来处理；后者将 XML 文件当作数据流来处理。除此之外，还有一些非标准的 XML 接口，例如 jDOM、DOM4j 等。这些接口和标准的 DOM 不兼容，但由于其易用性，在 Java 开发中有着十分广泛的应用。

7.3.1.1　DOM 标准

DOM 是一种操作 XML 数据文件最广泛的标准，独立于特定语言和平台。DOM 只是用来规范软件的，而不是一种具体软件。目前，很多 XML 解析器都采用 DOM 接口标准。DOM 标准最基本的思想是将整个 XML 数据文件加载入内存，并在内存中解析成一棵树形对象，程序通过 DOM 接口可以自由操作该树对象。因而，基于 DOM 的处理器对内存要求比较高，但其速度相对较快。

7.3.1.2　SAX 标准

SAX 标准是由一家公司推出的操作 XML 数据文件的方法，目前已经成为一个标准。该接口以流的方式操作 XML 数据文件，由于是读一部分数据，再处理一部分数据，所以对系统的内存要求不高。该接口通常是基于事件的，其将 XML 数据文件中不同的内容归类为不同对象。当 SAX 处理器分析到不同的对象时，就产生不同的事件，进而调用不同的事件处理器。

7.3.1.3　JAXP 规范

JAXP 是 Sun 公司提出的一种 Java 操作 XML 数据文件的标准，目前被很多 Java XML 解析器支持。JAXP 的作用是在 Java 应用程序和具体解析器之间提供一个统一编程接口，从而提高 Java 应用程序的可移植性。JAXP 本身不是解析器，也不能替代标准的 DOM 和 SAX 接口，但其规范了 Java 应用程序获取 DOM 或 SAX 接口的方式，规范了 Java 应用程序加载 XML 解析器的方式。图 7.6 展示了 JAXP 和 DOM SAX 以及 XML 解析器之间的关系。

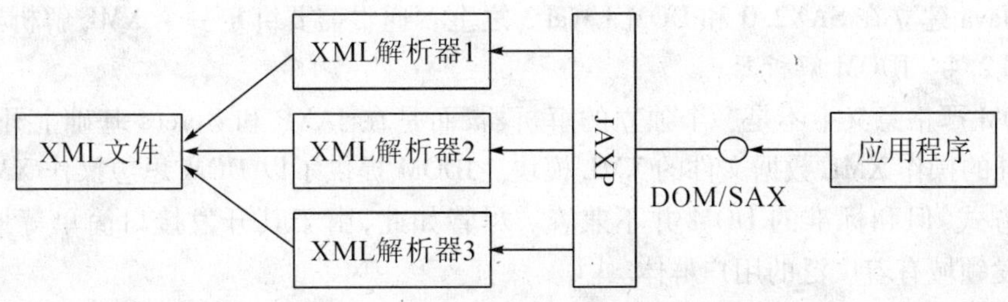

图 7.6　JAXP 和解析器以及 DOM 和 SAX 关系示意图

JAXP 本身只是一个接口框架，它的正确使用需要有 XML 解析器。JDK1.5 之后，采用 Xerces 为默认的解析器，提供了 JAXP 的默认实现。但这种设置可以通过修改系统属性而改变。下面我们对 JAXP 使用的常用解析器作一简单介绍。

7.3.2 Java 常用的解析器

XML 解析器的作用在于为应用程序提供操作 XML 数据的调用服务。目前市场上流通许多 XML 解析器，其中以 Apache 开发组织维护的开源 XML 解析器应用面最广。下面对各种解析器的特点作简单介绍。

7.3.2.1 Crimson 解析器

Crimson 解析器是比较有名的解析器，目前由 Apache 开发组织维护，最新版本为 Crimson1.1。Crimson 项目起源于 Sun 公司的 ProjectX 项目。后来该项目由 Apache 开发组织，Crimson 就是在该项目基础上发展起来的。目前，Crimson 已经停止开发新版本，最新版本 Crimson1.1 是 2001 年、2002 年前后的产品。

Crimson1.1 支持 XML 规范 1.0、JAXP 接口、SAX2.0、SAX2.0 Extensions 1.0、DOM Level 2 等规范。JDK1.4 的 XML 默认实现采用的就是 Crimson，但是新版的 JDK 中，这种情况已经发生了变化，原因在于 Crimson 不是一种性能很好的 XML 解析器。

7.3.2.2 Xerces 解析器

Xerces 是一个和 Crimson 历史同样悠久的 XML 解析器，目前由 Apache 开发组织的 Xerces 项目组维护。该项目起源于 IBM 给 Apache 开发组织的 XML4J 项目。目前，最新版本是 Xerces - J2.11.0。从 JDK1.5 以后，Xerces 就成了 JDK 的 XML 默认实现。

Xerces - J2.11.0 支持 XML 规范 1.0、1.1；DOM levels 1, 2, 3; SAX 1, 2, Namespaces, and W3C XML Schema。它无论从效率还是从界面友好性上看都是十分成功的 XML 解析器。

7.3.2.3 Xalan 解析器

Xalan 严格意义上不是一个 XML 解析器，而是 XSLT 转换器，目前由 Apache 开发组织负责维护。以前 Xalan 是作为 Apache 开发组织 XML 项目组中的一个子项目而存在，现在为了突出其在 XSLT 和 XPATH 方面的重要性，已经分出 XML 项目组，成为一个独立的项目组，其最新版本为 Xalan - J2.7.1。

Xalan - Java 实现了 JAXP1.3 的转换接口，同时实现了 JAXP1.3 的 XPATH。Xalan - Java 建立在 SAX2.0 和 DOM Level 3 之上。通常需要绑定一个 XML 解析器使用。

7.3.2.4 JDOM 解析器

JDOM 严格意义上不是一个独立的解析器，而是在 JAXP 和 Xerces 基础上开发的一个非标准的操作 XML 数据文件的 XML 模块。JDOM 提供了以 DOM 思想操作 XML 数据文件的方式，但和标准的 DOM 并不兼容。尽管如此，由于其开发接口简单等原因，在 Java 开发领域有着广泛的用户群体。

7.3.3 使用 JAXP 操作 XML 数据

XML 标准接口规定了应用程序通过 XML 解析器操作 XML 数据的方式，但并没有规定 Java 应用程序获取解析器对象的方式。多数 XML 解析器在遵守 XML 标准的同时,提供了各式各样的解析器对象的获取和调用方式,影响了 Java 程序在该方面的可移植性。JAXP 的存在就是为了在该方面形成统一,规定了 Java 应用程序获得解析器对象的行为,其作用是将 Java 应用程序和具体的 XML 解析器隔离开。图 7.7 演示了 JAXP 在 XML 分析器与应用程序之间的关系。

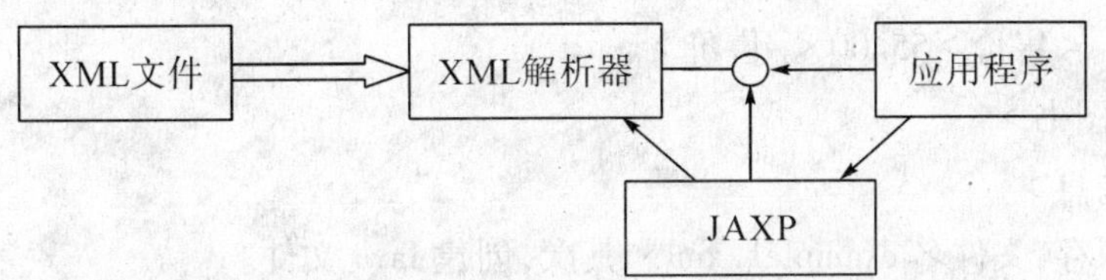

图 7.7　JAXP 在应用程序操作解析器过程中的作用

当应用程序请求 XML 解析器时,JAXP 会根据 JRE LIB 目录下的配置文件内容选择相应的解析器,并构造相应对象返回给 Java 应用程序。JAXP 中比较核心的类有如下几个:

(1)DocumentBuilder

(2)DocumentBuilderFactory

(3)SAXParser

(4)SAXParserFactory

本章只介绍利用 JAXP 进行 DOM 接口的操作,SAX 接口在下一章介绍。

7.4　利用 DOM 读取 XML 文档信息

7.4.1　XML 文档遍历

首先,创建一个 XML 文档,如例 7.1 所示。

例 7.1

```
<?xml version="1.0" ?>
<图书信息>
    <图书 isbn="7-111-10288-6">
        <书名>C#技术内幕</书名>
        <作者>Joseph Mayo</作者>
        <售价>59.00</售价>
    </图书>
    <图书 isbn="7-5084-1152-8/TP.456">
        <书名>JAVA 2 网络协议内幕</书名>
        <作者>AI Williams</作者>
```

```
        <售价>48.00</售价>
    </图书>
    <图书 isbn="7-121-02807-7">
        <书名>Eclipse 完全手册</书名>
        <作者>周竞涛</作者>
        <售价>55.00</售价>
    </图书>
<图书信息>
```

将文件保存,文件名 example1.xml。其次,创建 Java 文件。

```
import org.w3c.dom.*;
import javax.xml.parsers.*;
import java.io.*;
public class traveler{
  public static void main(String args[]){
    try{
        DocumentBuilderFactory factory = DocumentBuilderFactory.newInstance();
        DocumentBuilder builder = factory.newDocumentBuilder();
        Document document = builder.parse(new File("example1.xml"));
        Element root = document.getDocumentElement();
        String rooName = root.getNodeName();
        System.out.println("XML 文件根结点的名称为:" + rooName);
        NodeList nodelist = document.getElementsByTagName("图书");
        int size = nodelist.getLength();
        for(int i = 0;i < size;i++){
            Node node = nodelist.item(i);
            String name = node.getNodeName();
            String content = node.getTextContent();
            System.out.println(name);
            System.out.println("" + content);
        }
    }
    catch(Exception e){
        System.out.println(e);
    }
  }
}
```

将该文件保存,文件名为 traveler. java。编译后执行该文件,结果如图 7.8 所示。

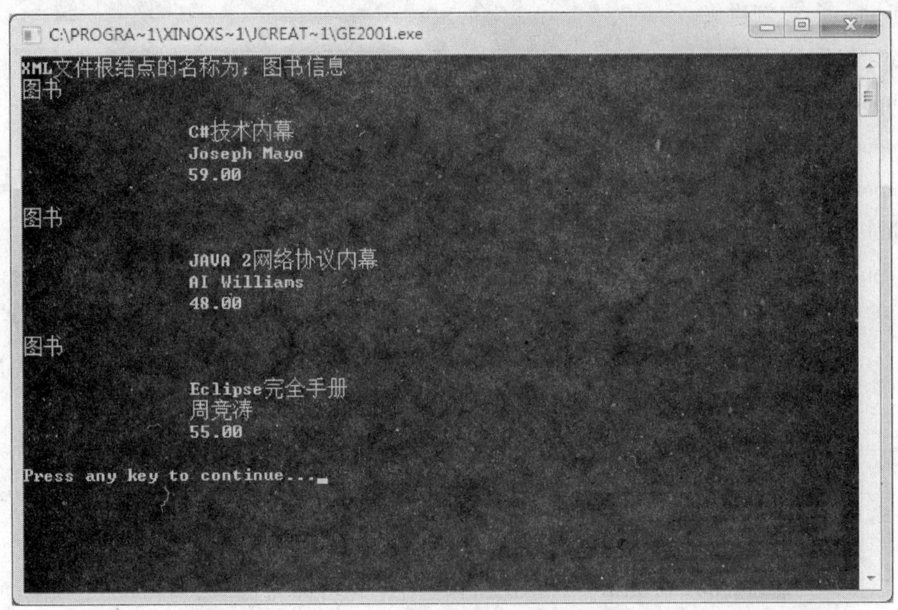

图 7.8 遍历 XML 文档结果图

在此例中,首先引入 Java 文件在运行的时候所需要加载的三个包:W3C DOM 定义的规范的接口,获取 XML 文档对象的包,Java 读取文件的时候需加载的包。在 main 方法中,DocumentBuilderFactory 是一个抽象类,其主要作用是定义工厂 API,使应用程序能够从 XML 文档获得生成 DOM 对象树的解析器。DocumentBuilder 定义 API,使其从 XML 文档中获取 DOM 文档实例。使用此类,应用程序可以从 XML 中获取一个 Document 对象,之后开始解析 XML 文档。具体"DocumentBuilderFactory factory = DocumentBuilderFactory. newInstance();"这句表示创建一个工厂 factory。"DocumentBuilder builder = factory. newDocumentBuilder();"表示创建一个文档建设者。"Document document = builder. parse (new File("example1. xml"));"表示由 XML 文档"example1. xml"生成一个 Document 对象,对文档的一切操作从此开始。当获得 XML 文档的入口之后,通过 getDocumentElement()方法获得文档的根元素对象,进而通过 getNodeName()方法获得根元素名称。本例的目标是遍历元素的内容,这要访问根元素的所有子元素,用到 NodeList 对象,即节点集合。本例中通过"document. getElementsByTagName("图书");"实现。接下来的内容相对简单,在集合中作循环,依次取出每一个子元素"图书"查看数据。循环中所用到方法,item(i)获取集合中的第 i 个节点(以 0 为起始),getNodeName()返回节点的名称,getTextContent()返回文本数据。

7.4.2 Element 节点的操作

Element 接口是十分重要的接口,该接口被实例化后,会对应节点树上的元素类型的节点。这样的节点使用 getNodeType()方法测试,返回值为 Node. ELEMENT_NODE。Element 节点具备一些常用方法获取相关信息。getNodeName()获取节点的名称,此处指

XML 中的标记名称;getAttribute(String name)返回该节点对应的名称为 name 的属性值。下面通过一个实例讲解。

Java 代码如下所示。

```
import org. w3c. dom. * ;
import javax. xml. parsers. * ;
import java. io. * ;
public class element_do{
  public static void main(String args[ ]) {
    try{
        DocumentBuilderFactory factory = DocumentBuilderFactory. newInstance( ) ;
        DocumentBuilder builder = factory. newDocumentBuilder( ) ;
        Document document = builder. parse( new File( "example1. xml" ) ) ;
        Element root = document. getDocumentElement( ) ;
        String rooName = root. getNodeName( ) ;
        System. out. println( "XML 文件根结点的名称为:" + rooName) ;
        NodeList nodelist = root. getChildNodes( ) ;
        int size = nodelist. getLength( ) ;
        for( int i = 0;i < size;i + + ) {
            Node node = nodelist. item( i) ;
          if( node. getNodeType( ) = = Node. ELEMENT_NODE) {
            Element elementNode = (Element) node;
            String name = elementNode. getNodeName( ) ;
            String id = elementNode. getAttribute( "isbn" ) ;
            String content = elementNode. getTextContent( ) ;
            System. out. println( name + " \n" + id + " \n" + content + " \n" ) ;
        }
      }
    }
    catch( Exception e) {
        System. out. println( e) ;
    }
  }
}
```

将该文件保存为 element_do. java。编译执行后得到的结果如图 7. 9 所示。该例主要说明 Element 节点的用法。获取根元素之后,使用了方法 getChildNodes( )获取根节点的子节点,得到的是一个节点集合。而 Element 的子节点不一定是 Element 节点,有可能是 Text 节点、ProcessInstruction 节点和 CharacterData 节点等。所以对于集合中的每一个节点首先判断其是否为 Element 节点。如果是，进行强制类型转换(Element elementNode = (Element)node;)。只有这样，Element 节点的特别方法才可以使用。本例中输出了每一个图书节点的名称、属性值和文本内容(子元素文本内容)。

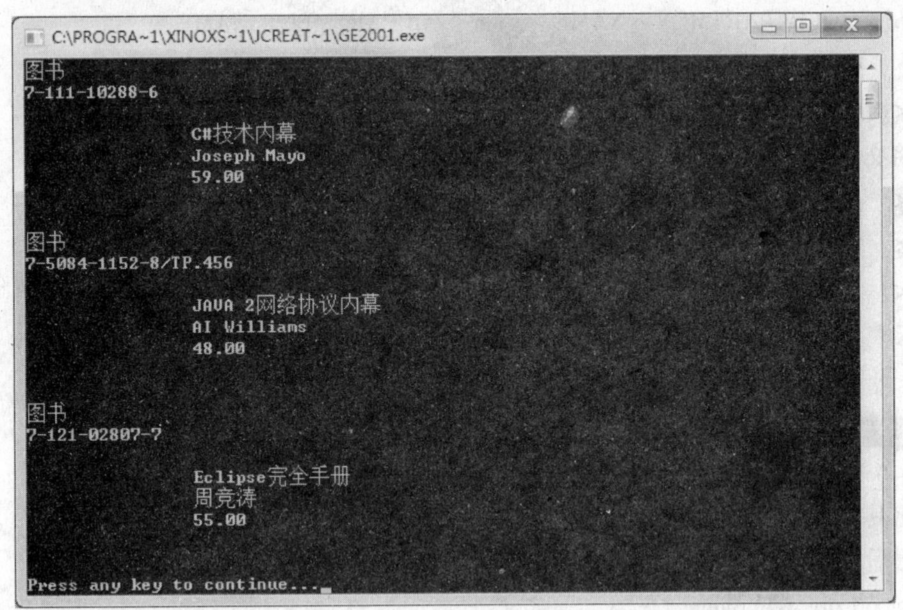

图 7.9　Element 节点操作结果图

7.4.2　DTD 相关信息

一个规范的 XML 文件，在装入内存中的时候，会被封装成一个 Document 节点，或为 DOM 节点树。在 XML 文件存在关联的 DTD 时，Document 节点有两个子节点：Element 节点、DocumentType 节点。Element 节点对应根元素；DocumentType 节点对应 DTD 文件。通过 Document 节点的 getDoctype()返回当前节点的 DocumentType 子节点。下面通过实例说明读取有关 DTD 信息使用。

首先准备 XML 文档内容，如下所示。

```
<? xml version = "1.0" encoding = "utf - 8" ? >
<! DOCTYPE HXUCC   PUBLIC " - //ISO77//hebei/forXML/ch"   "wanghong. dtd"
[
    <! ELEMENT HXUCC   ANY >
    <! ELEMENT YEAR (#PCDATA) >
]>
<HXUCC >
    &chen;
    < YEAR >2010 </YEAR >
    < DEPARTMENT >
```

```
    <DEPARTMENT_NAME>network lab</DEPARTMENT_NAME>
  </DEPARTMENT>&kkk;
  <DEPARTMENT>
    <DEPARTMENT_NAME>room</DEPARTMENT_NAME>
  </DEPARTMENT>
</HXUCC>
```

将文件保存为 example2.xml。然后准备 DTD,内容如下:

```
<?xml version="1.0" encoding="gb2312"?>
<!ENTITY chen "河西大学计算中心" >
<!ENTITY kkk SYSTEM  "kk.xml">
<!ELEMENT DEPARTMENT (DEPARTMENT_NAME)>
<!ELEMENT DEPARTMENT_NAME (#PCDATA)>
```

将文件保存为 wanghong.dtd。再次准备实体文件如下:

```
<poem>This is a example of entity!  </poem>
```

将其存为 kk.xml。

最后,准备 Java 程序,内容如下。

```
import org.w3c.dom.*;
import javax.xml.parsers.*;
import java.io.*;
public class do_dtd{
  public static void main(String args[]){
    try{
        DocumentBuilderFactory factory = DocumentBuilderFactory.newInstance();
        DocumentBuilder builder = factory.newDocumentBuilder();
        Document document = builder.parse(new File("example2.xml"));
        DocumentType doctype = document.getDoctype();
        String DTDName = doctype.getName();
        System.out.println("DTD 的名字:" + DTDName);
        String publicId = doctype.getPublicId();
        System.out.println("PUBLIC 的标识:" + publicId);
        String systemId = doctype.getSystemId();
        System.out.println("systemId 的标识:" + systemId);
        String internalDTD = doctype.getInternalSubset();
        System.out.println("内部 DTD:" + internalDTD);
        NamedNodeMap map = doctype.getEntities();
        for(int i=0;i<map.getLength();i++){
```

```
                Entity node = (Entity)map.item(i);
                String encoding = node.getInputEncoding();
                String content = node.getTextContent();
                System.out.println(encoding);
                System.out.println(content);
            }

        }
    catch(Exception e){
        System.out.println(e);
        }
    }
}
```

将文件存为 do_dtd.java,编译后执行该文件,其执行结果如图 7.10 所示。

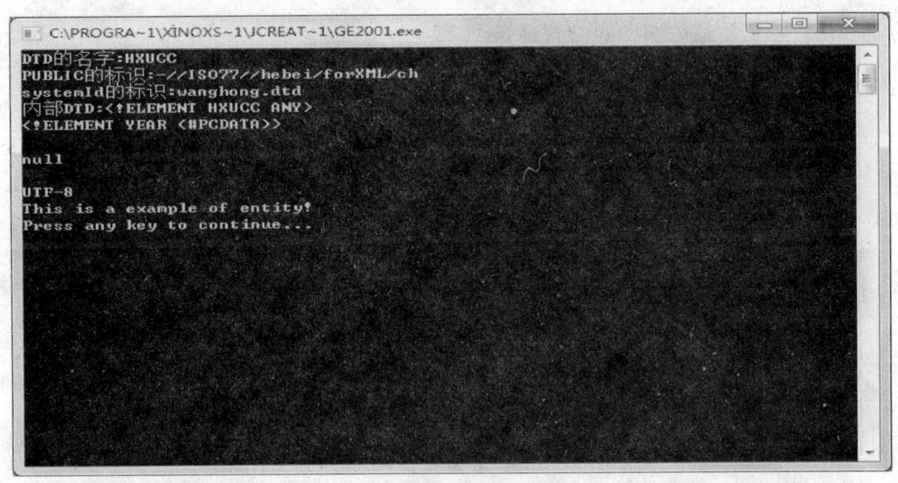

图 7.10　读取 DTD 信息结构图

在该例中,首先通过"DocumentType doctype = document.getDoctype();"获得 DTD 节点的对象 doctype,然后通过该节点的几个方法获得 DTD 的相关信息。其中 getName()获取根元素名称,getPublicId()获取外部 DTD 的公共标识,getSystemId()获取外部 DTD 的系统标识,getInternalSubset()获取内部 DTD 的内容。

程序的最后一部分是获取实体的内容。语句"NamedNodeMap map = doctype.getEntities();"将 DTD 中定义的实体封装到一个节点集合里,此中节点没有顺序关系。接下来的循环结构从集合中取出每一个实体进行处理。在每一步的处理过程中都是输出实体的编码(通过 getInputEncoding())和内容(通过 getTextContent())。当然只有外部实体才有返回的结果,内部实体没有。本例设定了一个内部实体和一个外部实体。

7.4.3 Attr 节点操作

Attr 节点是一个相当特殊的节点，它对应于 XML 文档中元素的属性。XML 文件中的元素可以包含子元素、文本数据和属性。其中子元素对应 Element 型的节点，文本数据对应 Text 型的节点，这两种节点都是节点树中 Element 节点的子节点。而属性对应的 Attr 节点不是作为 Element 的子节点出现的，也就是说在遍历 DOM 树的时候访问不到 Attr 节点。要想访问 Attr 节点，只有先找到其所属的 Element 节点之后，用特别的方法访问。下面的实例说明其操作。

首先，制作 XML 文档，本文档改编自 example1. xml，在此基础上添加属性，构成的文档内容如下，并将其命名为 example_attr. xml。

```
<?xml version="1.0"?>
<图书信息>
    <图书 isbn="7-111-10288-6" 出版日期="1999.8">
        <书名>C#技术内幕</书名>
        <作者>Joseph Mayo</作者>
        <售价>59.00</售价>
    </图书>
    <图书 isbn="7-5084-1152-8/TP.456" 出版日期="2002.9">
        <书名>JAVA 2 网络协议内幕</书名>
        <作者>AI Williams</作者>
        <售价>48.00</售价>
    </图书>
    <图书 isbn="7-121-02807-7" 出版日期="2006.7">
        <书名>Eclipse 完全手册</书名>
        <作者>周竞涛</作者>
        <售价>55.00</售价>
    </图书>
</图书信息>
```

Java 代码如下，并将其命名为 attribute_do. java。

```
import org.w3c.dom.*;
import javax.xml.parsers.*;
import java.io.*;
public class attribute_do{
    public static void main(String args[]){
        try{
            DocumentBuilderFactory factory = DocumentBuilderFactory.newInstance();
```

```
            DocumentBuilder builder = factory.newDocumentBuilder();
            Document document = builder.parse(new File("example_attr.xml"));
            Element root = document.getDocumentElement();
            String rooName = root.getNodeName();
            System.out.println("XML 文件根元素的名称为:" + rooName);
            NodeList nodelist = root.getElementsByTagName("图书");
            int size = nodelist.getLength();
            for(int i = 0;i < size;i + +){
              Node node = nodelist.item(i);
              String name = node.getNodeName();
               NamedNodeMap map = node.getAttributes();//获得标记中属性的
集合。
              String content = node.getTextContent();
              System.out.print(name);
              for(int k = 0;k < map.getLength();k + +){//循环的形式输出标记
中所有的属性
                Attr attrNode = (Attr)map.item(k);
                String attName = attrNode.getName();
                String attValue = attrNode.getValue();
                System.out.print("    " + attName + " = " + attValue);
              }
             System.out.print(content);
           }
         }
       catch(Exception e){
         System.out.println(e);
       }
     }
   }
```

将其编译运行的结果如图 7.11 所示。

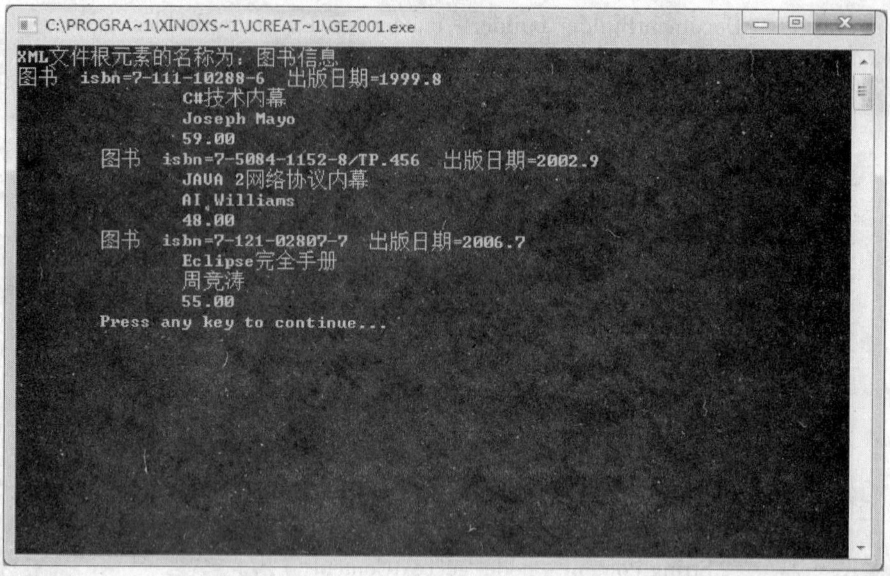

```
C:\PROGRA~1\XINOXS~1\JCREAT~1\GE2001.exe
XML文件根元素的名称为：图书信息
图书  isbn=7-111-10288-6  出版日期=1999.8
            C#技术内幕
            Joseph Mayo
            59.00
     图书  isbn=7-5084-1152-8/TP.456  出版日期=2002.9
            JAVA 2网络协议内幕
            AI Williams
            48.00
     图书  isbn=7-121-02807-7  出版日期=2006.7
            Eclipse完全手册
            周竞涛
            55.00
Press any key to continue...
```

图 7.11　Attr 节点操作结果图

本例中,先是用 getElementsByTagName("图书")方法找到包含属性的元素"图书",得到的结果是一个元素节点的集合。在此集合中取出每一项进行操作。在每一步操作中利用 getAttributes()方法取得元素的所有属性,也组成一个集合。在属性集合上取出每个属性进行操作。利用 getName()取得属性名;getValue()取得相应的属性值。

7.5　利用 DOM 对 XML 操作

7.5.1　使用 DOM 创建新文档

前面我们讲到 DOM 对 XML 文档进行读取的操作。DOM 还可以用于从头创建新文档,程序如下。

```
import javax.xml.transform.*;
import javax.xml.transform.stream.*;
import javax.xml.transform.dom.*;
import org.w3c.dom.*;
import javax.xml.parsers.*;
import java.io.*;
public class create_xml{
    public static void main(String args[]){
        try{
            String name[]={"李忠和","范瑞芬","陆晓明"};
            String type[]={"车间主任","焊工","车工"};
```

```
String department[] = {"一车间","五车间","三车间"};
DocumentBuilderFactory
factory = DocumentBuilderFactory.newInstance();
DocumentBuilder builder = factory.newDocumentBuilder();
Document document = builder.newDocument();
//创建 document 节点对象
document.setXmlVersion("1.0");
Element 员工信息表 = document.createElement("员工信息表");
document.appendChild(员工信息表);
for(int k = 1;k <= name.length;k++){
  员工信息表.appendChild(document.createElement("员工"));
}
NodeList nodeList = document.getElementsByTagName("员工"); int
size = nodeList.getLength();
for(int k = 0;k < size;k++){
  Node node = nodeList.item(k);
  if(node.getNodeType() == Node.ELEMENT_NODE)
    {
      Element elementNode = (Element)node;
      elementNode.setAttribute("工种",type[k]);
      elementNode.appendChild(document.createElement("姓名"));
      elementNode.appendChild(document.createElement("部门"));
    }
  }
nodeList = document.getElementsByTagName("姓名");//获得名字的
节点集合
size = nodeList.getLength();
for(int k = 0;k < size;k++){
  Node node = nodeList.item(k);
  if(node.getNodeType() == Node.ELEMENT_NODE){
      Element elementNode = (Element)node;elementNode.appendChild
(document.createTextNode(name[k])); //为标记添加文本数据。
  }
}
nodeList = document.getElementsByTagName("部门");
size = nodeList.getLength();
```

```
                for(int k =0;k < size;k + + ) {
                    Node node = nodeList. item(k);
                    if(node. getNodeType( ) = = Node. ELEMENT_NODE) {
                        Element elementNode = (Element) node;
elementNode. appendChild(document. createTextNode(department[k]));
                    }
                }
                TransformerFactory transFactory = TransformerFactory. newInstance( );
                Transformer transformer = transFactory. newTransformer( );
                DOMSource domSource = new DOMSource(document);
                File file = new File("员工信息表. xml");
                FileOutputStream out = new FileOutputStream(file);
                StreamResult xmlResult = new StreamResult(out);//将要变换得到 XML 文件
将来保存在 StreamResult
                transformer. transform(domSource,xmlResult);
                }
            catch(Exception e) {
                System. out. println(e);
            }
        }
    }
```

生成的 XML 文档在 IE 浏览器中显示的效果如图 7.12 所示。

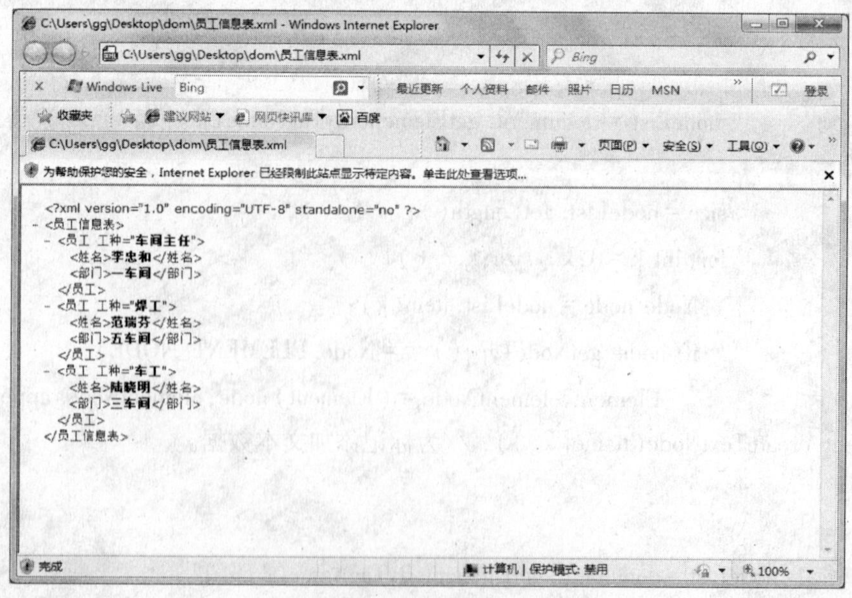

图 7.12　程序动态生成的 XML 文档浏览效果图

和前面介绍的程序区别比较大的地方，首先是引入的包多出了3个。最前面的3个包与将内存中的DOM树转换成XML文件有关系，这是生成XML文档的基础。其次，main()方法中设置了3个字符串数据，此为生成的文件准备的数据，因为XML文档本质上是存储数据的容器。接下来的两条语句和前面的程序相似，用工厂模式生成DOM对象。只不过此时生成的DOM对象不是从一个现成的XML文档而来，而是从头搭建。语句"document. setXmlVersion("1.0");"设置XML的版本，完成XML中声明语句的生成。接下来的两条语句生成根元素节点并将其加入到DOM树的合适位置(根节点的子节点)。循环结构

```
for(int k =1;k < =name. length;k + +){
        员工信息表. appendChild(document. createElement("员工"));
}
```

根据程序开始给出的数据为根元素节点添加子节点，本例中是添加了3个子节点。语句"NodeList nodeList = document. getElementsByTagName("员工");"获得员工的节点集合，然后在此集合上循环操作。循环的每一步中，先是取出集合中的每一项，测试其是否为Element型节点。如果是，进行强制类型转换。只有进行类型转换之后，下面的方法才可以使用。利用elementNode. setAttribute("工种",type[k])为元素添加"工种"属性，其值取自前面给出的数据；然后为元素添加了"姓名"和"部门"两个子元素。程序接下来用两个完全相同的循环结构为所有的"姓名"和"部门"元素设定文本数据，这些数据取自字符串数组，这里不再赘述。

以上这些操作都是在内存中进行的，也就是从给出的数据形成DOM树。要想形成XML文件，需要将DOM树转化成外存中的文件。这正是程序最后部分要做的工作。转化的过程也是采用的工厂模式。语句"TransformerFactory transFactory = TransformerFactory. newInstance();"创建一个TransformerFactory(转换工厂对象)，语句"Transformer transformer = transFactory. newTransformer();"创建一个Transformer对像(文件转换对象)，语句"DOMSource domSource = new DOMSource(document);"把要转换的Document对象封装到一个DOMSource类中，最为关键的语句是"transformer. transform(domSource, xmlResult);"，完成把节点树转换为XML文件。

7.5.2 使用DOM添加子元素及属性

利用DOM可以为某个元素添加子元素和属性，通过下面的实例来说明。

利用上一个实例的XML文档，相应Java文件代码如下。

```
import javax. xml. transform. * ;
import javax. xml. transform. stream. * ;
import javax. xml. transform. dom. * ;
import org. w3c. dom. * ;
import javax. xml. parsers. * ;
import java. io. * ;
```

```
public class add_xml{
    public static void main(String args[]){
        String address[] = {"黄河大道","海河大道","文昌大道"};
        String gender[] = {"男","女","男"};
        try{
            DocumentBuilderFactory factory = DocumentBuilderFactory.newInstance();
            DocumentBuilder builder = factory.newDocumentBuilder();
            Document document = builder.parse(new File("员工信息表.xml"));

            NodeList nodeList = document.getElementsByTagName("员工");
            int    size = nodeList.getLength();
              for(int k = 0;k < size;k++){
                Node node = nodeList.item(k);
                if(node.getNodeType() == Node.ELEMENT_NODE){
                  Element elementNode = (Element)node;
                  Element element = document.createElement("地址");
                  elementNode.appendChild(element);
                  element.appendChild(document.createTextNode(address[k]));
                  elementNode.setAttribute("性别",gender[k]);
                }
              }
            TransformerFactory transFactory = TransformerFactory.newInstance();
            Transformer transformer = transFactory.newTransformer();
            DOMSource domSource = new DOMSource(document);
            File file = new File("员工信息表(改).xml");
            FileOutputStream out = new FileOutputStream(file);
            StreamResult xmlResult = new StreamResult(out);
            transformer.transform(domSource,xmlResult);
            }
        catch(Exception e){
            System.out.println(e);
        }
    }
}
```

保存文件名为 add_xml.java。将其编译运行,新生成的文件为"员工信息表(改).xml"。此文件在 IE 浏览器中的效果如图 7.13 所示。

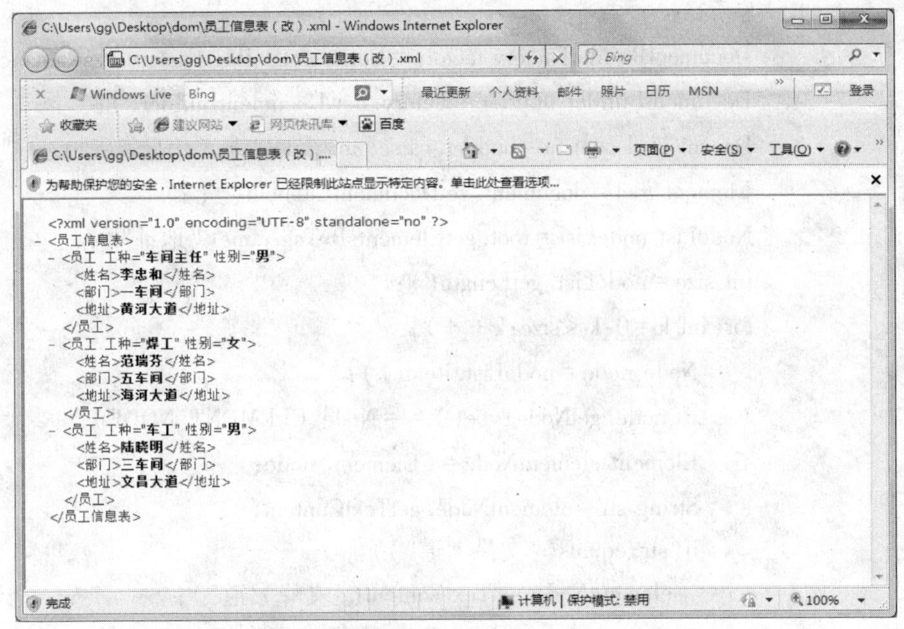

图 7.13 增加了子元素和属性的 XML 显示图

本例中首先是生成 DOM 对象，利用"NodeList nodeList = document. getElementsByTagName("员工");"找到文档中的所有"员工"元素。接下来是对每一个员工元素添加子元素和属性。其中添加子元素先利用语句"Element element = document. createElement("地址");"生成地址元素，而后利用"elementNode. appendChild(element);"将新生成的元素加为员工元素的子元素，"element. appendChild(document. createTextNode(address[k]));"为地址元素设置文本内容。添加属性的内容由"elementNode. setAttribute("性别",gender[k]);"来完成。这里要注意的是，添加属性不是用 addAttribte()方法，也不存在这个方法，而是用 setAttribute()方法。另外，为了不破坏原有的文件，程序给文件起了个新的名称。

7.5.3 使用 DOM 修改子元素

有前面的例子作基础，修改子元素的内容相对容易理解。相应的 Java 程序代码如下。

```
import javax.xml.transform.*;
import javax.xml.transform.stream.*;
import javax.xml.transform.dom.*;
import org.w3c.dom.*;
import javax.xml.parsers.*;
import java.io.*;
public class modify_xml{
    public static void main(String args[]){
```

```
try{
        DocumentBuilderFactory factory = DocumentBuilderFactory. newInstance( );
        DocumentBuilder builder = factory. newDocumentBuilder( );
        Document document = builder. parse( new File( "员工信息表(改). xml" ) );
        Element root = document. getDocumentElement( );
        NodeList nodeList = root. getElementsByTagName( "地址" );
        int size = nodeList. getLength( );
        for( int k = 0;k < size;k + + ) {
            Node node = nodeList. item( k);
            if( node. getNodeType( ) = = Node. ELEMENT_NODE) {
            Element elementNode = ( Element) node;
            String str = elementNode. getTextContent( );
            if( str. equals( "文昌大道" ) ) {
              elementNode. setTextContent( "文峰大道" );
            }
          if( str. equals( "海河大道" ) ) {
            elementNode. setTextContent( "人民大道" );
            }

          if( str. equals( "黄河大道" ) ) {
            elementNode. setTextContent( "漳涧大道" );
          }
          }
      } }
  TransformerFactory transFactory  = TransformerFactory. newInstance( );
      Transformer transformer = transFactory. newTransformer( );
      DOMSource domSource = new DOMSource( document);
      File file = new File( "员工信息表( 修). xml" );
      FileOutputStream out = new FileOutputStream( file);
      StreamResult xmlResult = new StreamResult( out);
      transformer. transform( domSource,xmlResult);
            }
    catch( Exception e) {
      System. out. println( e);
    }
  }
}
```

保存文件名为 modify_xml. java。编译并运行之后，生成一个新文件"员工信息表(修). xml"，新文件在 IE 浏览器中显示的结果如图 7.14 所示。可以和图 7.13 比较看效果。

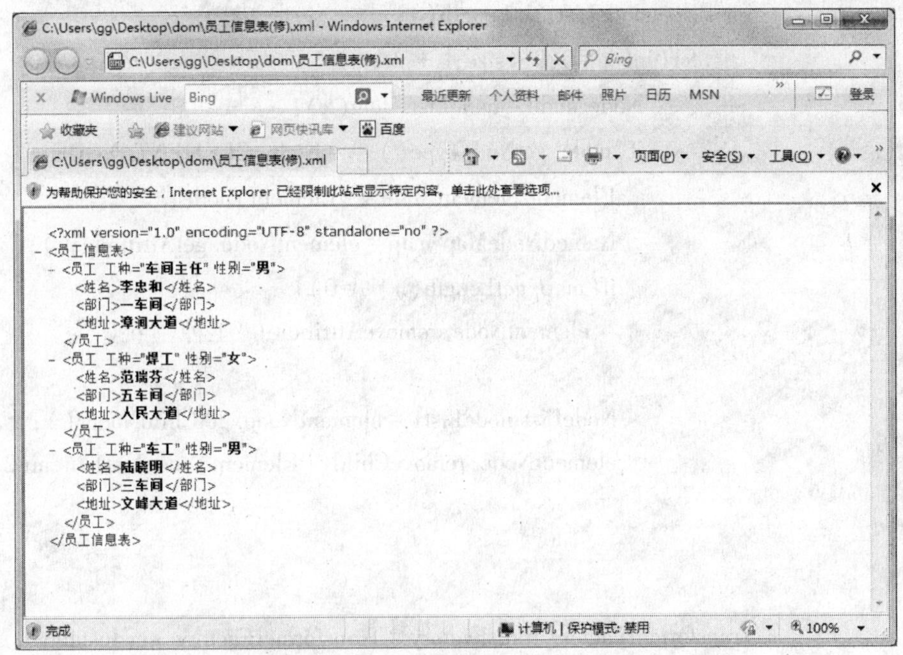

图 7.14 修改"员工"元素之后的效果图

在上面的例子中，首先用 getElementsByTagName("地址")方法获取 DOM 中所有的"地址"元素构成集合，然后在此集合上取出每一个元素用 getTextContent()读取其文本内容。根据文本内容，利用 setTextContent()方法将其替换成合适的内容。

7.5.4 使用 DOM 删除子元素及属性

利用上例中 XML 文档作删除的操作。Java 程序代码如下：

```
import javax. xml. transform. * ;
import javax. xml. transform. stream. * ;
import javax. xml. transform. dom. * ;
import org. w3c. dom. * ;
import javax. xml. parsers. * ;
import java. io. * ;
public class delete_xml{
    public static void main(String args[ ]){
        try{
            DocumentBuilderFactory factory = DocumentBuilderFactory. newInstance( );
            DocumentBuilder builder = factory. newDocumentBuilder( );
            Document document = builder. parse(new File("员工信息表(修). xml"));
```

```
            Element root = document. getDocumentElement( ) ;
            NodeList nodeList = root. getChildNodes( ) ;
            int size = nodeList. getLength( ) ;
                for( int k = 0 ; k < size ; k + + ) {
                    Node node = nodeList. item( k ) ;
                    if( node. getNodeType( ) = = Node. ELEMENT_NODE) {
                        Element elementNode = ( Element) node ;
                        NamedNodeMap map = elementNode. getAttributes( ) ;
                        if( map. getLength( )!  =0) {
                          elementNode. removeAttribute( "工种" ) ;
                        }
                        NodeList nodeList1 = elementNode. getChildNodes( ) ;
                        elementNode. removeChild( ( Element) nodeList1. item(2) ) ;
                    }
                }

            TransformerFactory transFactory = TransformerFactory. newInstance( ) ;
            Transformer transformer = transFactory. newTransformer( ) ;
            DOMSource domSource = new DOMSource( document) ;
            File file = new File( "员工信息表(删). xml" ) ;
            FileOutputStream out = new FileOutputStream( file) ;
            StreamResult xmlResult = new StreamResult( out) ;
          transformer. transform( domSource , xmlResult) ;
                }
        catch( Exception e) {
          System. out. println( e) ;
          e. printStackTrace( ) ;
        }
    }
}
```

保存文件为 delete_xml. java。编译并运行之,生成新的 XML 文件为员工信息表(删). xml。新文档在 IE 浏览器中显示的效果如图 7. 15 所示。

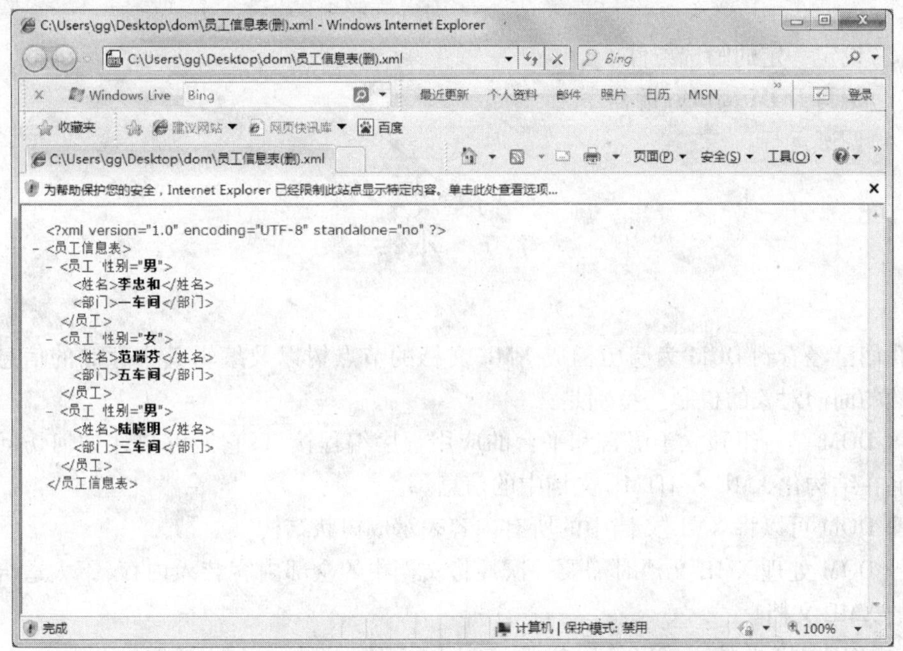

图 7.15　删除“地址”元素和“工种”属性后效果图

在上面的例子中，首先用“NodeList nodeList = root. getChildNodes( );”取出所有的“员工”元素形成集合，然后在此集合上取出每一个元素，用“NamedNodeMap map = elementNode. getAttributes( );”语句取出其所有属性。如果有属性，利用“elementNode. removeAttribute (" 工种 ");”去掉“工种”属性。利用“elementNode. removeChild ((Element) nodeList1. item(2));”移出其第三个子元素。

7.6　实训

实训目的：

- ▶ 通过实训对 DOM 原理取得较深的理解；
- ▶ 掌握使用 DOM 创建解析器对象；
- ▶ 掌握使用 DOM 的基本对象并获取 XML 的基本信息；
- ▶ 掌握在一个 DOM 树中添加、删除、修改等操作；
- ▶ 掌握如何将一个节点树转换成 XML 文档；
- ▶ 掌握 DOM 接口程序的调试。

实训内容：

选择两个班的学生基本信息分别组成 XML 文件。使用 DOM 接口解析这些 XML 文档，根据一定的条件从这两个文档中选择相应的信息项组成一个新的 XML 文档。

实训步骤：

(1)完成 XML 文档编写，首先根据上述实训内容收集相关数据，完成 XML 文档的编写。

(2)设定一定的筛选条件。

(3)编写 DOM 接口解析程序。

(4)调试运行。

7.7 小结

我们已经看到 DOM 为遍历构成 XML 文档的节点树以及编辑其中存储的信息提供了自然的面向对象的机制。特别是:

❄ DOM 是一组独立于语言和平台的应用程序编程接口,它能够描述如何访问和操纵存储在结构化 XML 和 HTML 文档中的信息。

❄ DOM 可以将 XML 文档中的所有内容表示成树状结构。

❄ DOM 处理 XML 文档时需要一次性将文档中的全部内容装入内存,不太适合处理大型的 XML 文档。

❄ DOM API 的核心接口包括 Node、NodeList、Element、Document、Attr、Text、DocumentType、CDATASection、Entity 等。

❄ DOM 只是一个编程接口,没有具体的实现。想实际进行编程,必须绑定一定的技术。本章以 Java 自带的 JAXP 为例进行讲解,并探讨了接口和解析器的关系,为更好地理解 DOM 的 XML 开发打下基础。

❄ DOM 对 XML 的操作部分介绍了 XML 的遍历、Elment 节点和 Attr 节点信息的读取、DTD 信息的读取、Elment 节点和 Attr 节点的添加、删除、修改等。

简而言之,读取和操作 XML 文档时,使用 DOM 将保证各种平台之间获得最大程度的互操作性。然而,使用 DOM 并不一定是最佳策略,特别是对于非常大的文件。为了避免将整个文档加载到内存中而造成开销,可以使用 SAX 等事件驱动的解析器处理大型 XML 文件,我们将在下一章介绍 SAX。

习题 7

1. 什么是 DOM? 简述 DOM 的结构和工作方式。

2. Node 接口中的 getElementByTagName(String name)和 getChildNodes()两个方法有什么区别?

3. Document 节点的两个子节点分别是什么类型。

4. Attr 节点可以是 Element 节点的子节点吗?

5. 编制一个 Java 程序,功能为生成一个存储通信录的 XML 文档。要求利用 DOM 接口、生成图形界面接收每一个人员的信息。

第八章　SAX 接口技术

主要内容

- ▶ SAX 基本原理
- ▶ SAX 解析 XML 的模式
- ▶ 以事件为主导的各种解析过程

难点

- ▶ SAX 解析 XML 文档

SAX 是 Simple API for XML 的缩写，它是由 XML - DEV 邮件列表的成员开发的，目前的版本是 2.0.x。SAX 不是某个官方机构的标准，也不由 W3C 组织或其他任何官方机构维护，但它是 XML 社区事实上的标准。虽然 SAX 只是“民间”标准，但是它在 XML 中的应用丝毫不比 DOM 少，几乎所有的 XML 解析器都支持它。读者可以在 http://www.saxproject.org/上获得更多有关 SAX 的资料。

8.1　SAX 解析基本原理

SAX 解析以流的方式分析 XML 文件中的数据，处理过程为“输入一段数据，处理一段数据”。因而这种处理方法有着节省计算机内存的优点：每次都读入部分数据进行处理，处理完后再读入后面的数据。SAX 从本身机制上并不会对 XML 数据进行任何保存，在其读入下一部分数据的同时，前面读入的数据自动删除。

SAX 解析在为 XML 处理提供方便的同时，也具有占用 CPU 资源和算法设计工作量繁琐的缺点。SAX 是一种比较底层的程序设计技术，是 Java 中很多软件的核心模块。例如，常见的 Ant 软件，多数的 DOM 分析器，都是在 SAX 处理 XML 文件的方式上设计而成的。图 8.1 显示了使用 SAX 处理 XML 数据的特点。图 8.1 是一条常见的绳子，绳子上爬了很多蚂蚁，由于蚂蚁太小，因此，使用放大镜观察整条绳子上的所有蚂蚁。这个过程和使用 SAX 分析器分析 XML 数据的过程十分相似：XML 文件可以看做是由数据构成的很长字符串，SAX 解析器则是放大镜。

上面类比刻画了 SAX 分析器的典型特征。在任何一个给定时刻，SAX 解析器只分析 XML 整个数据文件的局部，因而没有必要将整个 XML 数据文件一次性读入计算机内存。但由于需要计算机反复从硬盘读入数据，因而 CPU 的负担比较重。

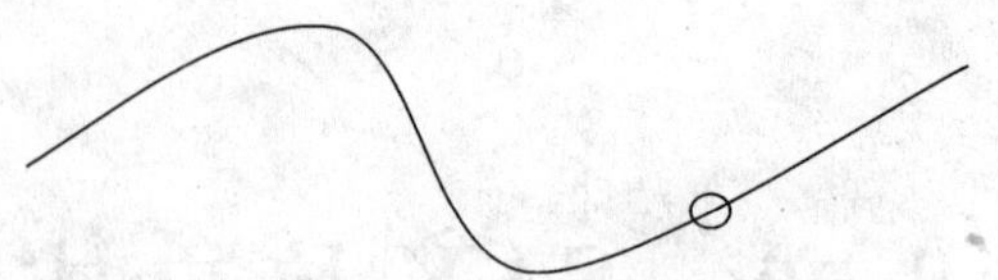

图 8.1　使用放大镜观察整条绳子上的蚂蚁

8.2　SAX 解析 XML 的模式

SAX 解析 XML 数据的基本机制是广播,SAX 解析器会将解析到的 XML 数据中的各种结构以事件的形式广播给特定的事件处理器。在程序的结构中存在以下几个关键类:

(1)SAX 事件接收器,接收 SAX 分析 XML 数据过程中的信息。

(2)SAX 解析器,对 XML 数据文件进行分析的主体程序。

(3)XML 数据文件,其中存储了被分析的数据。

图 8.2 展现了这种结构。

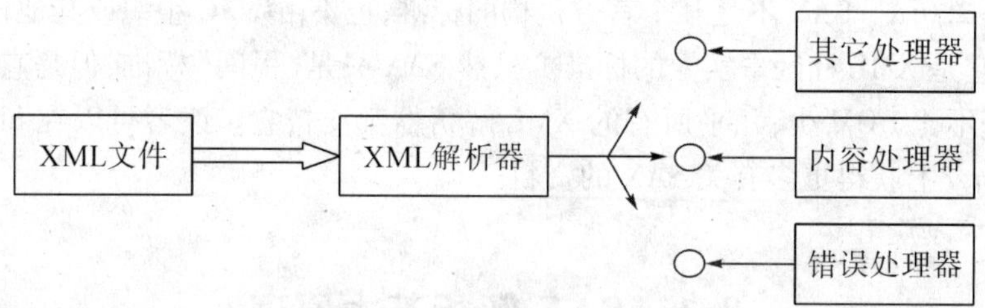

图 8.2　SAX 解析器的事件广播机制

图 8.2 中,每一种事件处理器都由一个特定的接口来定义,实现了指定接口的类,其对象就可以接收 SAX 解析器广播出来的对应事件。表 8.1 显示了 SAX 解析器支持的各种接口及其功能。

表 8.1　SAX 核心接口列表

核心接口	描述
ContentHandler	接收和 XML 中标记相关的数据内容
ErrorHandler	接收 SAX 解析 XML 文件过程中的错误相关信息
EntityResolver	实现该接口的类,用于接收和 XML 文件中的实体相关信息
DTDHandler	实现该接口的类,用于接收和 DTD 相关的事件信息
Attributes	用于刻画 XML 文件中标记属性相关信息
XMLReader	SAX 处理 XML 文件的基本接口
XMLFilter	用于对 XML 信息进行过滤
Locator	该接口用于表示 SAX 事件对应的 XML 数据文件的位置

还有其他的类,这里不再列出。使用 SAX 处理 XML 文件的基本思路是创作实现上面相应接口的类,并使用该类监听对应的事件信息。但考虑到程序设计的繁琐过程,目前有几种成熟使用 SAX 处理 XML 数据的方式:XMLReader 模式、DefaultHandler 模式和 HandlerBase 模式。本章只介绍 DefaultHandler 模式。

采用实现接口的方式处理 SAX 解析器中的事件,缺点在于需要给出很多未用方法的默认实现,增加了程序开发和维护的工作量。DefaultHandler 是为克服该缺点而设计的一个类。该类位于 org. XML. SAX. helpers 包中,实现了表 8. 1 中列出的各种接口,提供了接收 SAX 解析器分析信息的基本机制。通过继承该类并重写该特定成员,就可对应接收 SAX 解析器发布的某种事件信息,例如,标记开始事件等。

下面通过一个简单实例说明 SAX 解析器借助 DefaultHandler 分析 XML 数据的方法。实例用到的 XML 文件如下。

```
<? xml version = "1. 0"? >
<book>
    <title> Foundations of Databases </title>
    <author> Serge Abiteboul </author>
    <publisher> Addison - Wesley </publisher>
    <year> 1995 </year>
</book>
```

在记事本中保存文件为 example1. xml。Java 程序如下。

```
import javax. xml. parsers. * ;
import org. xml. sax. helpers. * ;
import org. xml. sax. * ;
import java. io. * ;
public class example1{
    public static void main(String args[ ]){
        try{
            SAXParserFactory factory = SAXParserFactory. newInstance( ) ;
            SAXParser saxParser = factory. newSAXParser( ) ;
            EventHandler handler = new EventHandler( ) ;   //生成事件处理器对象
            saxParser. parse( new File( "example1. xml" ) ,handler) ;
            System. out. println( "处理该 XML 文件共有" + handler. count + "次事
件触发") ;
        }
        catch(Exception e){
            System. out. println(e) ;
        }
    }
```

```
class EventHandler extends DefaultHandler{
    int count =0;
    public void startDocument( ){
        System. out. println( "开始处理 XML 文件");
        count + +;
    }
    public void endDocument( ){
        System. out. println( "文件处理结束");
        count + +;
    }
    public void startElement( String uri,String localName,String qName,Attributes atts){
        System. out. println( " <" +qName +" >");
        count + +;
    }
    public void endElement( String uri,String localName,String qName){
        System. out. println( " <" +qName +" >");
        count + +;
    }
    public void characters( char[ ] ch,int start,int length){
        String text =new String( ch,start,length);
        System. out. println( text);
        count + +;
    }
}
```

在 Java 开发环境中保存文件为 example1. java。

程序的基本内容如下。

首先引入 SAX 需要的包,即程序中的前三个包。程序的整体结构和 DOM 截然不同,这里采用的是事件处理机制。所以程序分两部分:主体部分和事件处理器部分。

主体部分的内容在 main( )方法中。首先是生成解析器对象。和 DOM 对象的生成过程使用同样的工厂模式。使用 javax. xml. parsers 包中的 SAXParserFactory 类调用其类方法 newInstance( )实例化一个 SAX 解析器工厂对象:

SAXParserFactory factory = SAXParserFactory. newInstance( );

之后工厂对象 SAX 解析器工厂对象调用 newSAXParser( )返回一个 SAX 解析器对象:

SAXParser saxParser = factory. newSAXParser( );

其次是生成事件处理器对象,最后用 saxParser. parse(new File("example1. xml"), handler);指定解析器解析的 XML 文档和使用的事件处理器。

事件处理器是继承自 DefaultHandler 类。DefaultHandler 类是 org. xml. sax. helpers 包中的类,该类或其子类的对象称做 SAX 解析器事件处理器。DefaultHandler 类实现了 ContentHandler、DTDHandler、EntityResolver 和 ErrorHandler 接口中的方法。也就是说,该类为多个 SAX 事件处理器做了默认实现。编写 SAX 应用程序时可以放心地使用它做简化工作,只对感兴趣的方法进行重载,而不管其他的方法。可以这样讲,编写 SAX 应用程序工作的重点是编写事件处理器。本例中重载了如下方法:

● startDocument()是开始处理文档事件的处理方法。此事件在一次处理过程中只出现一次。

● endDocument()是结束处理文档事件的处理方法。此事件在一次处理过程中只出现一次,是处理过程中出现的最后一个事件。

● startElement()是开始标记事件的处理方法。当处理器遇到一个开始标记时发生此事件,当然,此事件可以出现多次。

● endElement()是结束标记事件的处理方法。当处理器遇到一个结束标记时发生此事件,当然,此事件可以出现多次。需要注意的是,它和开始标记事件发生的次数是相同的,不管文档中的标记是非空标记还是空标记。

● characters()是处理标记文本数据的方法。当处理器遇到文本数据时产生此事件,这里处理的文本数据包括空白的内容,在之后的内容中会有详细讲解。

编译并运行程序的结果如图 8. 3 所示。

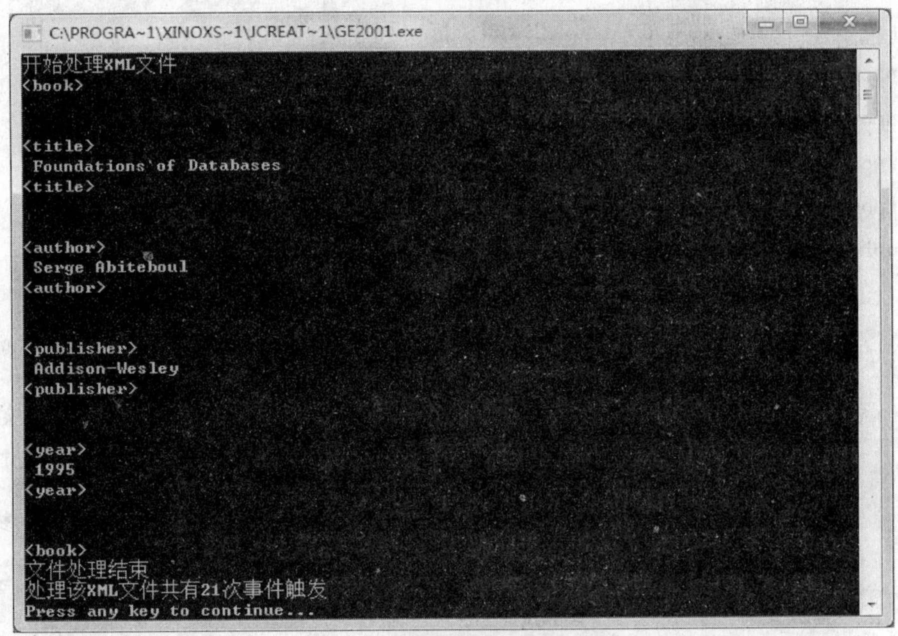

图 8. 3　简单程序运行结果图

8.3 文档开始和文档结束事件

有一对方法应对文档处理的开始与结束:startDocument( )和 endDocument( )。这两个方法没有参数和返回值。实际上,通常可以不使用它们,因为程序开始进行的操作一般可以在调用 parse( )之前完成,而程序结束时要做的操作可以在 parse( )返回值时完成。但是在一个比较复杂的应用程序中,你可能希望调用 parse( )的应用程序是从 DocumentHandler 派生的一个不同的类。在此种情况下,这两个方法有助于初始化变量和最后回收变量资源。

在下面的实例中我们重写了这两个方法,以便按照我们的意愿来处理文档开始事件和文档结束事件。

实例所需的 XML 文档代码如下。

```
<? xml version = "1.0" encoding = "gb2312"? >
<person gender = "男" >
    <name> 张海洋 </name>
    <country> 中国 </country>
    <occupation> 电气工程师 </occupation>
</person>
```

在记事本中保存文件为 example2. xml。Java 程序代码如下。

```
import javax.xml.parsers.*;
import org.xml.sax.helpers.*;
import org.xml.sax.*;
import java.io.*;
public class document_do{
    public static void main(String args[]){
        try{
            SAXParserFactory factory = SAXParserFactory.newInstance();
            SAXParser saxParser = factory.newSAXParser();
            File file =new File("example2.xml"); //创建一个文件对象指向 XML 文件
            EventHandler handler = new EventHandler(file);//获得一个文件参数
            saxParser.parse(file,handler);
            }
        catch(Exception e){
            System.out.println(e);
            }
    }
```

```
}
class EventHandler extends DefaultHandler{
    File file;
    long starttime,endtime;
    public EventHandler(File f){
        file = f;
    }
    public void startDocument(){
        starttime = System.currentTimeMillis();
        System.out.println("开始解析 XML 文件");
        System.out.println("该文件所在的路径是" + file.getAbsolutePath());
        System.out.println("文件名为" + file.getName());
        System.out.println("XML 文件长度:" + file.length());
    }
    public void endDocument(){
        System.out.println("解析文件结束");
        endtime = System.currentTimeMillis();
        System.out.println("解析所用时间" + (endtime - starttime) + "毫秒");
    }
}
```

在 Java 开发环境中将其保存为 example2.java。程序运行结果如图 8.4 所示。

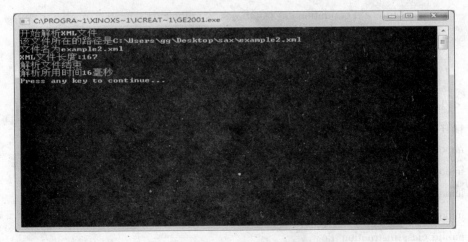

图 8.4　文档事件处理程序运行结果图

本实例中,只重载了 startElement 和 endElement 方法,都用到了 System.currentTimeMillis()方法获取当前时间,两个时间相减得到处理文档所用时间。这种方法有时用来作为评价算法优劣的参考依据之一。

8.4 处理指令事件

解析器还报告一种被称为处理指令的元素。你很可能经常地遇到处理指令:它们是可能出现在 XML 文档中“ <?”“? >”之间任何位置的指令。一个处理指令有一个名称(即目标)和任意特征数据(目标应用程序有关的参数)。SAX 应用程序通过下面的方法 processingInstruction(String name, String data) 处理“处理指令事件”。

按照约定,解析器应该忽略所有的处理指令(或者不加改变地复制它),除非可以识别处理指令的名称。在文档开始的 XML 声明可能像是一个处理指令,但是它不是一个真正的处理指令,因为处理声明语句需要其他程序。

处理指令经常被写成像元素开始标签的形式,包含一连串 keyword = "value "属性。这种语法对一个应用程序约定是完备的,故不在 XML 标准中定义。所以 SAX 不能识别它;处理指令数据的内容会被当做乱七八糟的东西被忽略掉。其值后面的属性内容是给应用程序传递的参数,其形式、内容和 XML 本身没有太大关系,是由特定的应用程序决定的。

下面的实例只是指出 XML 文档中处理指令的内容,没有做任何处理,也不太可能做进一步的处理。

实例所需 XML 文档如下。

```
<? xml version = "1.0"? >
<? xml - stylesheet href = "show.xsl" type = "text/xsl"? >
<book >
        <title > Foundations of Databases </title >
        <author > Serge Abiteboul </author >
        <publisher > Addison - Wesley </publisher >
        <year > 1995 </year >
</book >
```

保存文件为 example3. xml。实例所需 Java 程序代码如下。

```
import javax.xml.parsers.*;
import org.xml.sax.helpers.*;
import org.xml.sax.*;
import java.io.*;
public class instruction_do{
    public static void main(String args[]){
        try{
            SAXParserFactory factory = SAXParserFactory.newInstance();
            SAXParser saxParser = factory.newSAXParser();
```

```
                File file = new File("example3.xml"); //创建一个文件对象指向 XML 文件
                EventHandler handler = new EventHandler(file);//获得一个文件参数
                saxParser.parse(file,handler);//用解析器把 XML 文件和事件处理器绑定
            }
        catch(Exception e){
                System.out.println(e);
            }
        }
}
class EventHandler extends DefaultHandler{
    File file;
    public EventHandler(File f){
        file = f;
    }
    public void processingInstruction(String target,String data){
        System.out.println("处理指令的名称" + target);
        System.out.println("处理指令的参数" + data);
    }
}
```

在 Java 开发环境中保存文件为 instruction_do.java。编译并运行得到结果如图 8.5 所示。

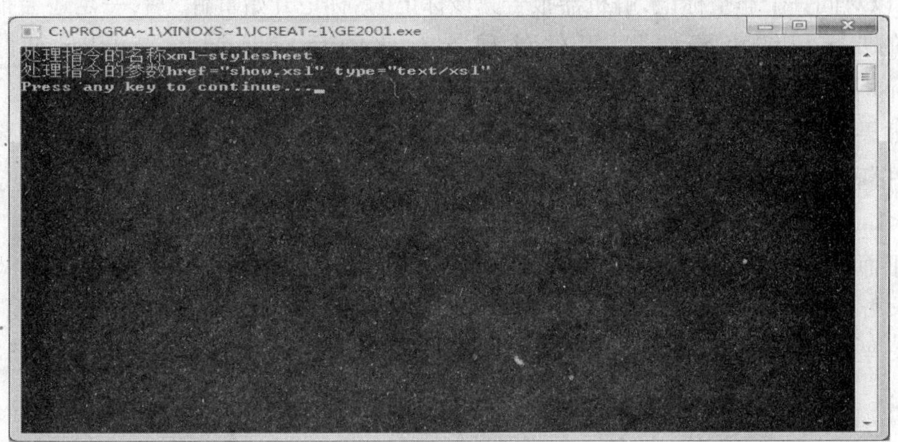

图 8.5　处理指令事件运行结果图

8.6　元素事件

与文档事件一样，有一对可调用的方法用来标记文档中每个元素的开始和结束标签 startElement 和 endElement 方法。

当解析器发现一个标记的开始标签时，就会产生一个"标记开始"事件，此事件被相应的事件处理器捕获，然后调用 public void startElement(String namespaceURI, String localName, String qualifiedName, Attributes attributes) throws SAXException 方法对发现的事件做出处理。上述方法中的参数 attributes 是解析器发现的开始标签中定义的全部属性。当 SAXParserFactory 对象设置支持名称空间时，例如：

factory.setNamespaceAware(true);

上述方法中的参数 namespaceURI 的取值就是解析器发现的标记所隶属的名称空间的名字、参数 localName 取值是标记的名称、参数 qualifiedName 是带名称空间前缀的标记名称（有名称空间的前缀）和标记名称（没有名称空间的前缀）。

当 SAXParserFactory 对象未设置支持名称空间时，例如：

factory.setNamespaceAware(false);

那么上述方法中的参数 namespaceURI 和 localName 的取值是空字符串，参数 qualifiedName 的取值是标记名称。

事件处理器调用 startElement 方法后，将陆续地收到解析器报告的其他事件，比如"文本事件"、子标记的"标记开始事件"等。由于 XML 文档中的非空标记一定有结束标记，所以对同一个非空标记，解析器报告完该标记的"标记开始事件"后，一定还会报告该标记的"标记结束事件"。事件处理器对此的反应是调用 endElement(String namespaceURI, String localName, String qualifiedName) 方法对发现的数据做出处理。

如果一个标记是空标记，如 <nulltag/>，解析器也报告"标记开始事件"和"标记结束事件"，即解析器将其按如下格式处理：

<nulltag></nulltag>

下面以一个实例说明，实例所需 XML 文档如下：

```
<?xml version="1.0"?>
<学校录>
    <学校 xmlns:ts="清华大学">
        <ts:地址>北京</ts:地址>
    </学校>
    <学校 xmlns:ts="西安交通大学">
        <ts:地址>西安</ts:地址>
    </学校>
    <学校/>
```

</学校录>

保存文件为 element_do. xml。Java 处理程序如下。

```
import javax. xml. parsers. * ;
import org. xml. sax. helpers. * ;
import org. xml. sax. * ;
import java. io. * ;
public class element_do{
    public static void main(String args[ ]){
        try{
            SAXParserFactory factory = SAXParserFactory. newInstance( );
            factory. setNamespaceAware(true);//设定该解析器工厂支持名称空间
            SAXParser saxParser = factory. newSAXParser( );
            EventHandler handler = new EventHandler( );
            saxParser. parse(new File("element_do. xml"),handler);
            }
        catch(Exception e){
            System. out. println(e);
            }
    }
}
class EventHandler extends DefaultHandler{
    int count =0;
    String str = null;
    public void startElement(String uri,String localName,String qName,Attributes atts){
        count + +;
        if(uri. length( ) >0)
          {str = uri;
          System. out. println(str);
          }
        System. out. print(" <" + qName + " ");
        for(int k =0;k < atts. getLength( );k + +){//获得该标记的属性,并输出属
性名称和值。
            System. out. print(atts. getLocalName(k) +" =");
            System. out. print("\"" + atts. getValue(k) + "\"");
        }
        System. out. println(" >");
    }
    public void endElement(String uri,String localName,String qName){
```

```
            System.out.println("</" + qName + ">");
            if(uri.length() >0)
            System.out.println(qName + "使用的名称空间是" + str);
            }
        public void endDocument(){
            System.out.println("XML 文件一共有" + count + "个标记");
            }
    }
```

在 Java 开发环境中保存文件为 element_do.java。编译并运行,得到结果如图 8.6 所示。

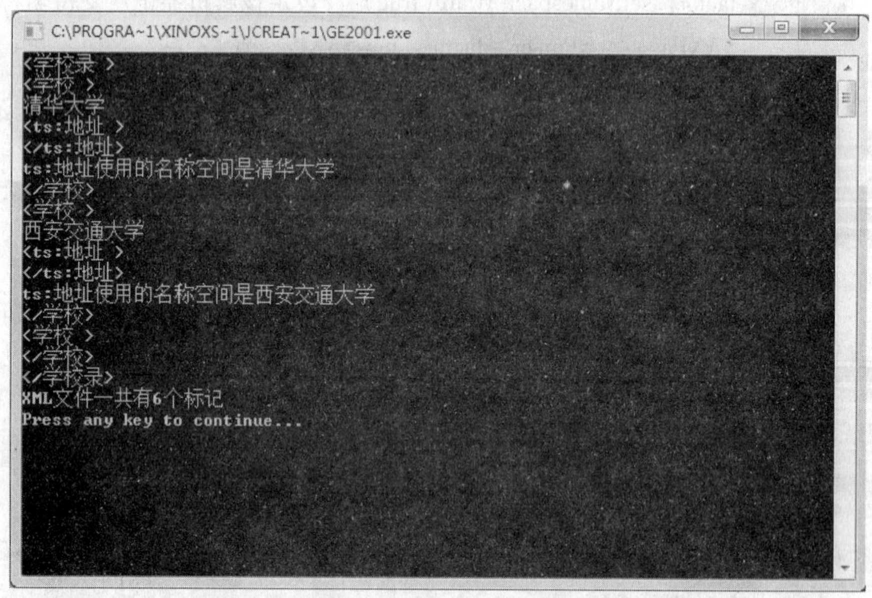

图 8.6　元素事件处理结果图

8.7　字符数据事件

对 XML 文档中出现的字符数据 SAX 应用程序一般通过 characters(char[] chars, int start, int len) 方法进行处理。定义这种接口更多的是为了效率而不是方便。如果想把字符数据作为 String 处理,你可以简单地构造一个字符串。解析器可能已经创建了 String 结构,但是在 Java 中创建新的对象是需要占用大量资源的,所以它只给出指向字符存放位置的指针。

使用 Java 处理 XML 的一个优点是 Java 和 XML 都是采用统一编码标准字符集。不管开始的源文档中使用哪种字符编码方式,以 char 数组形式传递的字符始终是本地化的 Java 统一编码字符。重要的一点是解析器可以任意分解字符数据,也可以只传送一部分。

标记的标签之间形成的缩进是为了 XML 文档看起来更加美观而设计，但是解析器不知道这点，所以解析器会认为这些是有用的数据。当解析器发现这样的数据时，也会报告一个文本事件给事件处理器。关于缩进以及留白的处理下节有介绍。下面通过一个实例说明文本数据的处理。

实例所需 XML 文档如下：

```
<?xml version="1.0"?>
<宋词>
    苏轼
    明月几时有，把酒问青天。
</宋词>
```

保存文件为 text_do.xml。Java 处理程序如下：

```
import javax.xml.parsers.*;
import org.xml.sax.helpers.*;
import org.xml.sax.*;
import java.io.*;
public class text_do{
    public static void main(String args[]){
        try{
            SAXParserFactory factory = SAXParserFactory.newInstance();
            SAXParser saxParser = factory.newSAXParser();
            EventHandler handler = new EventHandler();
            saxParser.parse(new File("text_do.xml"),handler);
            }
        catch(Exception e){
            System.out.println(e);
            }
    }
}
class EventHandler extends DefaultHandler{
    int count = 0;
    String str = null;
    public void characters(char[] ch,int start,int length){
        count++;
        String text = new String(ch,start,length);
        text = text.trim();
        if(text.length() == 0){
            System.out.println("第 " + count + "次文本事件处理的文本处理的是
```

```
空白字符");
            }
            else{
                System.out.println("第 " + count + "次文本事件处理的文本是\"" +
text + "\"");
            }
        }
    }
```

在 Java 开发环境中保存文件为 text_do.java。程序运行结果如图 8.7 所示。

图 8.7　文本事件处理结果图

8.8　处理留白事件

这是第二种报告字符数据的方法，即 ignorableWhitespace(char[] chars, int start, int len)。这个接口可以告知 SAX 规范泛指的"可忽略空白"。如果 DTD 用"元素内容"定义了一个元素(也就是说元素可以有子元素，但不能包含 PCDATA)，那么即使"真正"的字符数据是不允许的，XML 也可以用空格、制表符和换行分割开子元素。这种空白很可能是无关紧要的，所以一个 SAX 应用程序几乎总是忽略它：你可以仅仅通过使用一个空操作的 ignorableWhitespace()方法实现。只有当你的应用程序把输入数据不加改变地复制到输出时，你才有可能想做一些其他操作。

XML 规范允许一个解析器忽略外部 DTD 中的信息。非确认解析器不需要辨别包含元素内容的元素和包含混合内容的元素。在这种情况下，可忽略空白可以通过一般的

characters( )接口被告知。

要想对留白进行单独的处理,需要两个条件:①XML 是有效的;②重载方法 ignorableWhitespace 方法。下面用实例说明。

实例所需 XML 文档内容如下。

```
<? xml version = "1.0" encoding = "utf - 8" ? >
<! DOCTYPE note SYSTEM "space_do.dtd" >
<note >
    <to > George </to >
    <from > John </from >
    <heading > Reminder </heading >
    <body > Don't forget the meeting!  </body >
</note >
```

将其存为 space_do.xml。实例所需 DTD 文档内容如下:

```
<? xml version = "1.0" encoding = "utf - 8" ? >
<! ELEMENT note (to,from,heading,body) >
<! ELEMENT to (#PCDATA) >
<! ELEMENT from (#PCDATA) >
<! ELEMENT heading (#PCDATA) >
<! ELEMENT body (#PCDATA) >
```

将其存为 space_do.dtd。所需 Java 程序代码如下:

```
import javax.xml.parsers.*;
import org.xml.sax.helpers.*;
import org.xml.sax.*;
import java.io.*;
public class space_do{
    public static void main(String args[]){
        try{
            SAXParserFactory factory = SAXParserFactory.newInstance();
            SAXParser saxParser = factory.newSAXParser();
            EventHandler handler = new EventHandler();
            saxParser.parse(new File("space_do.xml"),handler);
            }
        catch(Exception e){
            System.out.println(e);
        }
    }
}
```

```
class EventHandler extends DefaultHandler{
    int count =0;
    public void ignorableWhitespace(char[ ] ch,int start, int length){
        count + +;
        System. out. println("第" +count +"个空白区");
    }
    public void startElement (String uri, String localName, String qName, Attributes
atts){
        System. out. println(" <" +qName +" >");
    }
    public void endElement(String uri,String localName,String qName){
        System. out. println(" <" +qName +" >");
    }
    public void characters(char[ ] ch,int start,int length){
        String text =new String(ch,start,length);
        System. out. println(text);
    }
    public void endDocument(){
        System. out. println("处理文件结束,报告了" +count +"次可忽略空白");
    }
}
```

在 Java 开发环境中保存文件为 space_do. java。编译、运行结果如图 8. 8 所示:

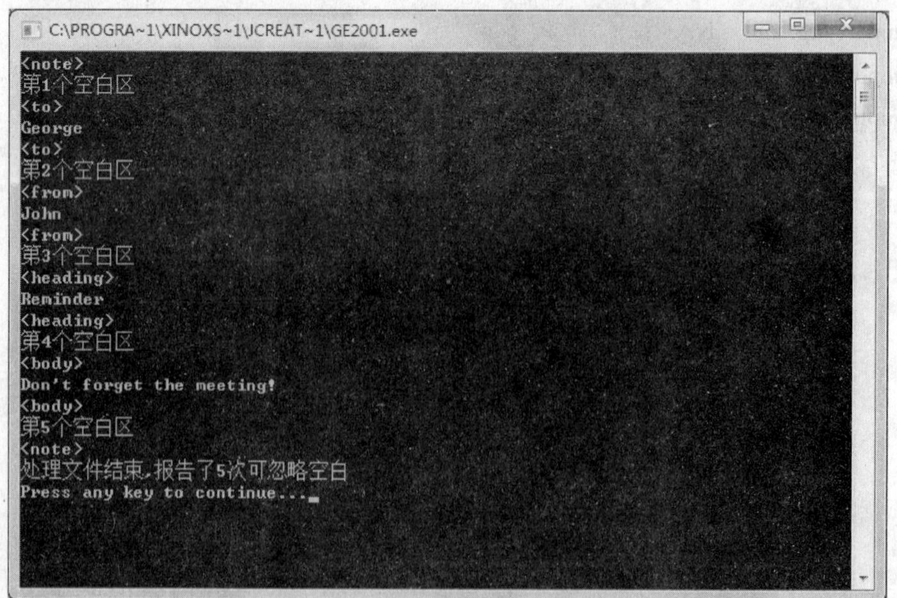

图 8. 8　处理留白程序运行结果图

8.9　实体事件

DTD 中可以定义实体和它的引用,然后与之关联的 XML 文档可以使用实体。实体根据与其定义它的 DTD 的位置关系可以分为内部实体和外部实体。内部实体的内容在 DTD 中直接给出,外部实体的内容单独形成一个文件。

当 SAX 解析器发现一个实体时,生成一个实体事件。事件处理器调用 public InputSource resolveEntity(String publicId,String systemId)方法处理有关数据,然后再生成一个文本事件给处理器。下面以实例说明。

实例所需的外部实体内容如下:

书山有路勤为径,学海无涯苦作舟

将其保存为 entity.txt。实例所需的 DTD 文档内容如下:

```
<?xml version="1.0" encoding="utf-8"?>
<!ENTITY ent1 "中华文明发祥之地">
<!ENTITY ent2 SYSTEM "entity.txt">
```

将其保存为 entity_do.dtd。实例所需的 XML 文档内容如下:

```
<?xml version="1.0" encoding="utf-8"?>
<!DOCTYPE book SYSTEM "entity_do.dtd">
<book>
    <entity>&ent1;&ent2;</entity>
        <entity>&ent2;</entity>
</book>
```

将其保存为 entity_do.xml。所需 Java 处理程序如下:

```
import javax.xml.parsers.*;
import org.xml.sax.helpers.*;
import org.xml.sax.*;
import java.io.*;
public class entity_do{
    public static void main(String args[]){
        try{
            SAXParserFactory factory = SAXParserFactory.newInstance();
            SAXParser saxParser = factory.newSAXParser();
            EventHandler handler = new EventHandler();
            saxParser.parse(new File("entity_do.xml"),handler);
        }
        catch(Exception e){
            System.out.println(e);
        }
```

```
        }
    }
class EventHandler extends DefaultHandler{
    int count1 =0,count2 =0;
    String str = null;
    public InputSource resolveEntity(String publicId,String systemId){
      if(systemId.endsWith("dtd")){
          count1 ++;
      }else{
          count2 ++;
      }
      return null;
    }
    public void characters(char[] ch,int start,int length){
        String text = new String(ch,start,length);
        System.out.println(text);
    }
    public void endDocument(){
      System.out.println("总计处理了" + count2 + "外部实体事件");
      System.out.println("总计处理了" + count1 + "内部实体事件");
    }
}
```

在 Java 开发环境中将其保存为 entity_do.java。编译并运行,结果如图 8.9 所示。

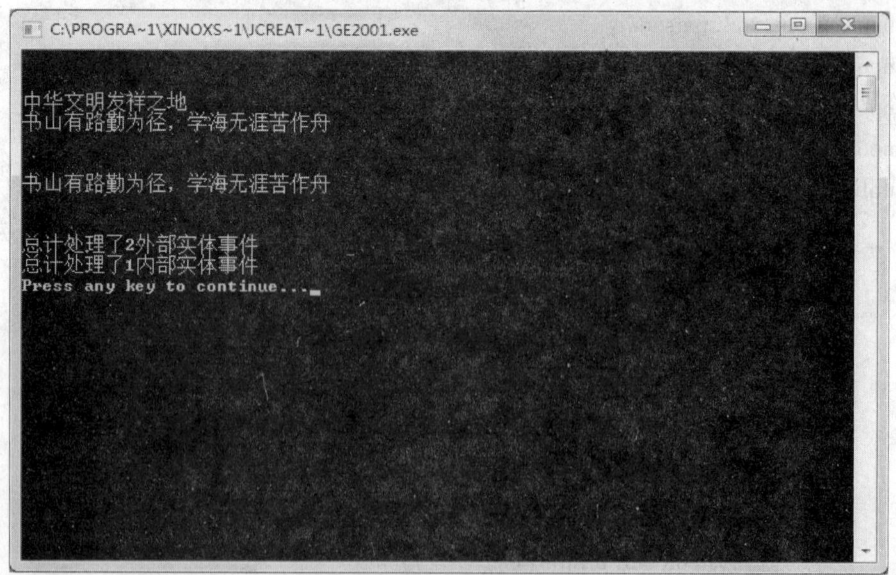

图 8.9　实体事件处理结果图

本例中对实体事件的处理中主要利用了内部实体的 systemId 为 DTD 文档，外部实体的 systemId 为实体的文件名将二者区别开来。

8.10 名称空间的处理

在 XML 的语法部分有名称空间的介绍。名称空间是在一个标记的开始标签中引入的。当解析器在一个标记的开始标签中发现一个名称空间时，会先产生一个“名称空间开始”事件，然后再产生一个“标记开始”事件。事件处理器对“标记开始”事件的处理前面已经介绍，对“名称空间开始”事件的由 startPrefixMapping(String prefix,String uri)方法处理。其参数 prefix 代表解析器遇到的名称空间的前缀，uri 代表名称空间的名称。例如：

<桌子 xmlns:year="明代嘉靖">中 prefix="year", uri="明代嘉靖"。

名称空间的作用域为定义名称空间的元素以及其子元素；当此元素的结束标记出现时，解析器产生“名称空间结束”事件。事件处理器由 endPrefixMapping(String prefix)方法处理。其参数同上。下面以实例说明。

实例所需 XML 文档内容如下。

```
<? xml version="1.0" encoding="utf-8"? >
<岗位列表  xmlns:京="北京市" xmlns:津="天津市" >
    <京:岗位>市委书记</京:岗位>
        <京:岗位>市长</京:岗位>
        <津:岗位>市委书记</津:岗位>
        <津:岗位>市长</津:岗位>
</岗位列表>
```

将文件保存为 namespace_do.xml。Java 程序代码如下。

```
import javax.xml.parsers.*;
import org.xml.sax.helpers.*;
import org.xml.sax.*;
import java.io.*;
public class namespace_do{
    public static void main(String args[]){
        try{
            SAXParserFactory factory = SAXParserFactory.newInstance();
            factory.setNamespaceAware(true);//设定可以解析名称空间
            SAXParser saxParser = factory.newSAXParser();
            EventHandler handler = new EventHandler();
            saxParser.parse(new File("namespace_do.xml"),handler);
```

```
        }
        catch(Exception e){
            System.out.println(e);
        }
    }
}
class EventHandler extends DefaultHandler{
    int count =0;
    public void startPrefixMapping(String prefix,String uri)throws SAXException{
            count + +;
            System.out.println("前缀:" + prefix + " ");
            System.out.println("名称空间的名称:" + uri + "  ");
    }
    public void endPrefixMapping(String prefix) throws SAXException{
            System.out.println("前缀:" + prefix + "结束 ");
    }
    public void endDocument(){
        System.out.println("解析文件结束,报告了" + count + "次名称空间");
    }
    public void startElement(String uri,String localName,String qName,Attributes atts){
        System.out.print(" <" + qName + " >");
    }
    public void endElement(String uri,String localName,String qName){
        System.out.println(" <" + qName + " >");
    }
    public void characters(char[ ] ch,int start,int length){
        String text = new String(ch,start,length);
        System.out.print(text);
    }
}
```

在 Java 开发环境中将文件存为 namespace_do. java,编译并运行程序。运行结果如图 8. 10 所示。

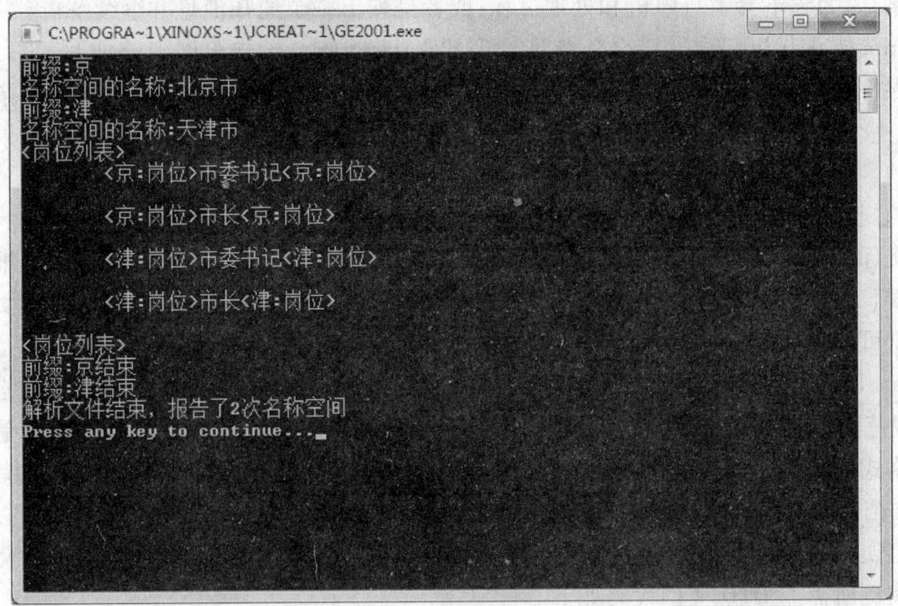

图 8.10 名称空间事件处理结果图

本例中需要特别注意的是语句“factory. setNamespaceAware(true);”,只有当此句出现时解析器才对名称空间有反应。另外,设定名称空间有效这句话必须在生成解析器之前才起作用。

8.11 错误事件的处理

SAX 错误处理的核心部分是 org. xml. sax. ErrorHandler 接口。它是一个简单的、包含三种方法的接口,可以实现和处理所有类型的错误。

```
public interface ErrorHandler {
public void warning(SAXParseException exception) throws Exception {
}
public void error(SAXParseException exception) throws Exception {
}
public void fatalError(SAXParseException exception) throws Exception {
}
}
```

以上就是错误处理的三种方法。在解析过程中的错误可以传递给其中的任何一个方法。如果想要实现自己的 ErrorHandler,可以自定义错误处理方法。

warning 方法处理可以忽略的警告。根据 XML1.0 标准定义,SAX 中的警告被定义为不属于错误或致命错误的问题。这样的定义是很模糊的。于是有一种更好的定义方法——警告表示不会阻止解析器继续解析的问题。对于警告,通常默认的处理方式是完全忽略,因为它不会阻止解析和处理过程;或者是弹出一个通知消息并继续解析。

error 方法处理错误。错误是最难处理的 XML 问题。警告可以忽略或写入日志,致命错误(后面将讨论)需要停止解析,并采取大量操作进行处理。错误(与致命错误不同)是一个模糊的中间问题。SAX 中的错误被模糊地描述为破坏规范的规则,结果是不确定的。除非另有规定,如果不能遵守"一定、必需、绝不是,应该,不应该"这些关键词标明的规范的规定,那么算作一个错误。

实际应用中,当 XML 内容(而不是格式或结构)出现了意想不到的问题就会报告一个错误。因此,当真正发生错误时,就表示您可能得到一个不完整的文档或解析文档中的数据可能丢失、篡改或错误。

fatalError 方法处理致命错误。SAX 中问题的最后一种类型是致命错误。根据 XML 1.0 规范的定义,致命错误绝对会干扰和阻止解析过程继续进行。最常见的例子是缺乏良好格式的文档。这些情况下,解析器不能恢复,因为文档的整个结构都有问题。SAX API 文档甚至提出,只要报告一个致命错误,应用程序就必须假定文档是不可用的,所以致命错误是非常大的问题。下面以实例说明。

实例所需的 DTD 文档代码如下。

```
<! ELEMENT 学生名录 (学生 * ) >
<! ELEMENT 学生 (姓名,性别,年龄) >
<! ELEMENT 姓名 (#PCDATA) >
<! ELEMENT 性别 (#PCDATA) >
<! ELEMENT 年龄 (#PCDATA) >
```

将其保存为 error_do. dtd。实例所需的 XML 文档代码如下:

```
<? xml version = "1.0"    encoding = " utf - 8"     ? >
<! DOCTYPE 学生名录 SYSTEM " error_do. dtd" >
<学生名录 >
<学生 >
    <姓名 >张瑞峰 </姓名 >
    <性别 >男 </性别 >
    <年龄 >26 </年龄 >
</学生 >
<学生 NUMBER = "202" >
    <姓名 >李小环 </姓名 >
    <年龄 >24 </年龄 >
    <性别 >20 </性别 >
</学生 >
<学生 NUMBER =  "315"   >
    <姓名 >孙月华 </姓名 >
    <性别 >女 </性别 >
```

```
    <年龄>20</年龄>
  </学生>
  <学生 NUMBER="202" >
    <姓名>马跃红</姓名>
    <性别>女</性别>
    <年龄>23</年龄>
  </学生>
  </学生名录>
```

将其保存为 error_do. xml。实例的 Java 程序代码如下。

```
import javax. xml. parsers. * ;
import org. xml. sax. helpers. * ;
import org. xml. sax. * ;
import java. io. * ;
public class error_do{
    public static void main(String args[ ]){
        try{
            SAXParserFactory factory = SAXParserFactory. newInstance( );
            factory. setValidating(true);
            SAXParser saxParser = factory. newSAXParser( );
            EventHandler handler = new EventHandler( );
            saxParser. parse(new File("error_do. xml"),handler);
            }
        catch(Exception e){
            System. out. println(e);
            }
    }
}
class EventHandler extends DefaultHandler{
    public void warning(SAXParseException e)throws SAXException{
        String warningMessage = e. getMessage( );
        int row = e. getLineNumber( );
        int columns = e. getColumnNumber( );
        System. out. println("警告" + warningMessage + "位置:" + row + "," + columns);
        System. out. println("publicId" + e. getPublicId( ));
        System. out. println("systemId" + e. getSystemId( ));
    }
    public void error(SAXParseException e)throws SAXException{
```

```
            String errorMessage = e. getMessage( ) ;
            int row = e. getLineNumber( ) ;
            int columns = e. getColumnNumber( ) ;
            System. out. println( "错误" + errorMessage + "位置:" + row + "," + columns) ;
            System. out. println( "publicId" + e. getPublicId( ) ) ;
            System. out. println( "systemId" + e. getSystemId( ) ) ;
        }
        public void fatalError( SAXParseException e) throws SAXException{
            String fatalErrorMessage = e. getMessage( ) ;
            int row = e. getLineNumber( ) ;
            int columns = e. getColumnNumber( ) ;
             System. out. println ( "致命错误" + fatalErrorMessage + "位置:" + row
+ "," + columns) ;
            System. out. println( "publicId" + e. getPublicId( ) ) ;
            System. out. println( "systemId" + e. getSystemId( ) ) ;
            throw new SAXException( "致命错误,停止解析") ;//主动抛出一个异常
        }
        public void startDocument( ) {
            System. out. print( "开始解析 XML 文件") ;
        }
        public void endDocument( ) {
            System. out. print( "解析文件结束") ;
        }
        public void startElement( String uri, String localName, String qName, Attributes atts) {
            System. out. print( " < " + qName + " > ") ;
        }
        public void endElement( String uri, String localName, String qName) {
            System. out. print( " < " + qName + " > ") ;
        }
        public void characters( char[ ] ch, int start, int length) {
            String text = new String( ch, start, length) ;
            System. out. print( text) ;
        }
        public void ignorableWhitespace( char[ ] ch, int start, int length) {
            String text = new String( ch, start, length) ;
            System. out. print( text) ;
        }
    }
```

在 Java 开发环境中将其保存为 error_do. java。编译并运行,结果如图 8. 11 所示。三个方法的参数都是 SAXParseException e。利用 SAXParseException 的 getMessage( )方法获取错误的语言描述,利用 SAXParseException 的 getLineNumber( )和 getColumnNumber( )方法获取错误出现的行号和列号。这样可以给错误定位,进而可以编制较为智能的 XML 的处理软件。

```
C:\PROGRA~1\XINOXS~1\JCREAT~1\GE2001.exe
<学生>
        <姓名>李小环<姓名>
        <年龄>24<年龄>
        <性别>20<性别>
错误The content of element type "学生" must match "(姓名,性别,年龄)".位置:14,6
publicIdnull
systemIdfile:/C:/Users/gg/Desktop/sax/error_do.xml
<学生>
错误Attribute "NUMBER" must be declared for element type "学生".位置:15,20
publicIdnull
systemIdfile:/C:/Users/gg/Desktop/sax/error_do.xml
<学生>
        <姓名>孙月华<姓名>
        <性别>女<性别>
        <年龄>20<年龄>
<学生>
错误Attribute "NUMBER" must be declared for element type "学生".位置:20,19
publicIdnull
systemIdfile:/C:/Users/gg/Desktop/sax/error_do.xml
<学生>
        <姓名>马跃红<姓名>
        <性别>女<性别>
        <年龄>23<年龄>
<学生>
<学生名录>解析文件结束Press any key to continue...
```

图 8. 11　处理错误程序运行结果图

8. 12　文件定位器的使用

文档定位器可以定位文件在外存中的位置,更重要的是定位 XML 中某数据在文件中的位置。当 SAX 解析器解析 XML 文件时,首先会产生一个“文件定位器”事件,然后产生“文件开始”事件。事件处理器以 setDocumentLocator(Locator locator)处理“文件开始”事件。方法中的参数就是文件定位器对象,该对象的几个方法介绍如下。

方法 getLineNumber( )可以获得数据尾部在 XML 文档中的行号;getColumnNumber( )可以获得数据尾部在 XML 文档中的列号;getPublicId( )可以获取当前文档事件的公共标识;getSystemId( )可以获取当前文档事件的系统标识。

下面通过实例说明其应用。实例用上节的 XML,其文件名为 error_do. xml。Java 程序代码如下。

```
import javax. xml. parsers. * ;
import org. xml. sax. helpers. * ;
import org. xml. sax. * ;
import java. io. * ;
public class locator_do{
```

```
        public static void main(String args[]){
            try{
                SAXParserFactory factory = SAXParserFactory.newInstance();
                SAXParser saxParser = factory.newSAXParser();
                EventHandler handler = new EventHandler();
                saxParser.parse(new File("error_do.xml"),handler);
                }
            catch(Exception e){
                System.out.println(e);
                }
        }
    }
    class EventHandler extends DefaultHandler{
        Locator locator;
        int row,line;
        public void setDocumentLocator(Locator locator){
            this.locator = locator;
        }
        public void characters(char[] ch,int start,int length){
            String text = new String(ch,start,length);
            System.out.print(text);
            line = locator.getLineNumber();
            row = locator.getColumnNumber();
            System.out.print("[该数据末尾在文件中的位置(" + row + "," + line
+")]");
        }
        public void startElement(String uri,String localName,String qName,Attributes atts){
        System.out.print("<" + qName + ">");
        }
        public void endElement(String uri,String localName,String qName){
            System.out.print("</" + qName + ">");
        }
    }
```

在 Java 开发环境中将其存为 locator_do.java。编译并运行 Java 程序，其运行结果如图 8.12 所示。

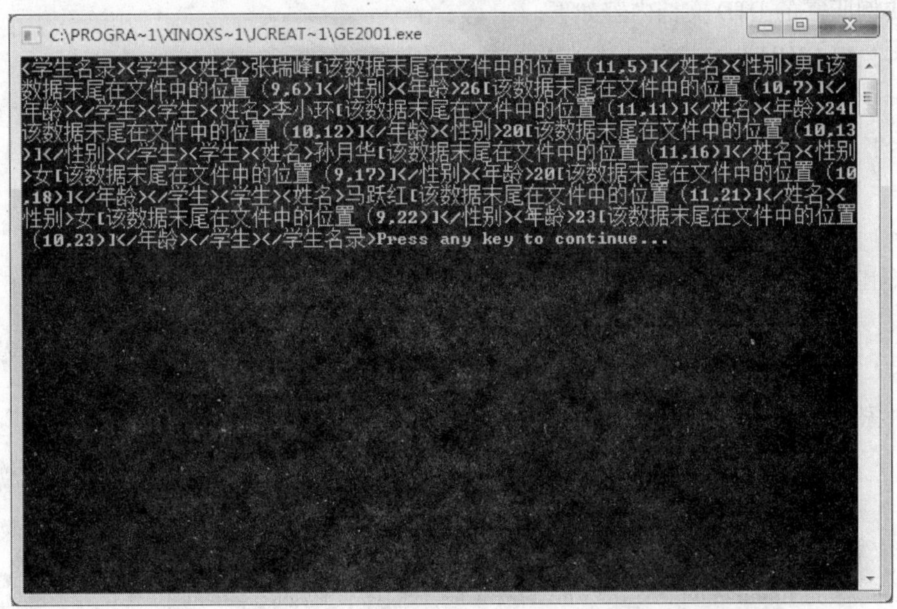

图 8.12　文件定位器处理运行结果图

8.13　不可解析实体

不可解析实体是 XML 解析器无法解释的、不能理解的实体，通常是二进制数据。实体是在 DTD 中定义的，分为内部实体和外部实体。由于内部实体是定义在 DTD 文档中，它一定是可以解析的实体。外部实体是一个独立的文件，此文件和 DTD 文档的关系极为松散。DTD 文档是文本文件，而外部实体的文件可以是各种各样的文件。即使外部实体是文本文件也有可能因为和 DTD、XML 文档的编码不一致而无法解析。

在 XML 文档中标记包含的文本内容中不允许引用不可解析实体，因为解析器无法识别它们。不可解析实体应该在 DTD 中明确地声明，声明的格式如下。

<! ENTITY　name PUBLIC publicId　systemId　NDATA notationName >

和

<! ENTITY　name SYSTEM　systemId　NDATA notationName >

和普通实体声明相同的内容不再解释，这里的关键是尾部的两项。关键词“NDATA”代表这是一个不可解析实体；notationName 给出一个可以处理本实体的应用程序名称。

尽管不可以在标记的文本中引用不可解析实体，但是 SAX 解析器在解析有效的 XML 文档时还是可以获取其关联的 DTD 文档中声明的不可解析实体的信息。当解析器在 DTD 中发现一个不可解析实体时，就产生一个“不可解析实体”事件。事件处理器会调用 unparsedEntityDecl(String name, String publicId, String systemId, String notationName) 来处理此事件。方法中的参数和实体声明格式中的完全对应，不再赘述。下面以一个实例说明。

实例所需的 DTD 文档内容如下。

```
<! ELEMENT 家具名录（家具 *）>
<! ELEMENT 家具（#PCDATA）>
<! ENTITY   excelFile PUBLIC " -//ISO88/WEN/SAX" "EEE. xsl" NDATA exzz.
exe >
<! ENTITY pic SYSTEM "XXX. bmp"    NDATA kkkz. exe >
```

将其存为 unparse_entity_do. dtd。实例所需的 XML 文档代码如下。

```
<? xml version = "1. 0"    encoding = "utf - 8"      ?  >
<! DOCTYPE 家具名录 SYSTEM "unparse_entity_do. dtd" >
<家具名录>
    <家具>八仙桌</家具>
    <家具>茶几</家具>
</家具名录>
```

将其存为 unparse_entity_do. xml。Java 应用程序代码如下。

```
import javax. xml. parsers. * ;
import org. xml. sax. helpers. * ;
import org. xml. sax. * ;
import java. io. * ;
public class unparse_entity_do{
    public static void main(String args[]){
        try{
            SAXParserFactory factory = SAXParserFactory. newInstance();
            SAXParser saxParser = factory. newSAXParser();
            MyHandler handler = new MyHandler();
            saxParser. parse(new File("unparse_entity_do. xml"),handler);
            }
        catch(Exception e){
            System. out. println(e);
        }
    }
}
class MyHandler extends DefaultHandler{
    boolean unparsed = false;
    public void startDocument(){
        System. out. println("开始解析 XML 文件");
    }
    public void endDocument(){
```

```
        System.out.println("解析文件结束");
    }
    public void characters(char[ ] ch,int start,int length){
        String text = new String(ch,start,length);
        System.out.println(text);
    }
    public void unparsedEntityDecl(String name,String publicId,String systemId,String
notationName)throws SAXException{
        System.out.println("不可解析实体:" + name);
        System.out.println("公共 ID:" + publicId);
        System.out.println("系统 ID:" + systemId);
        System.out.println("处理本实体应用程序名:" + notationName);
    }
}
```

在 Java 开发环境中将其保存为 unparse_entity_do.java。程序编译并运行,结果如图 8.13 所示。

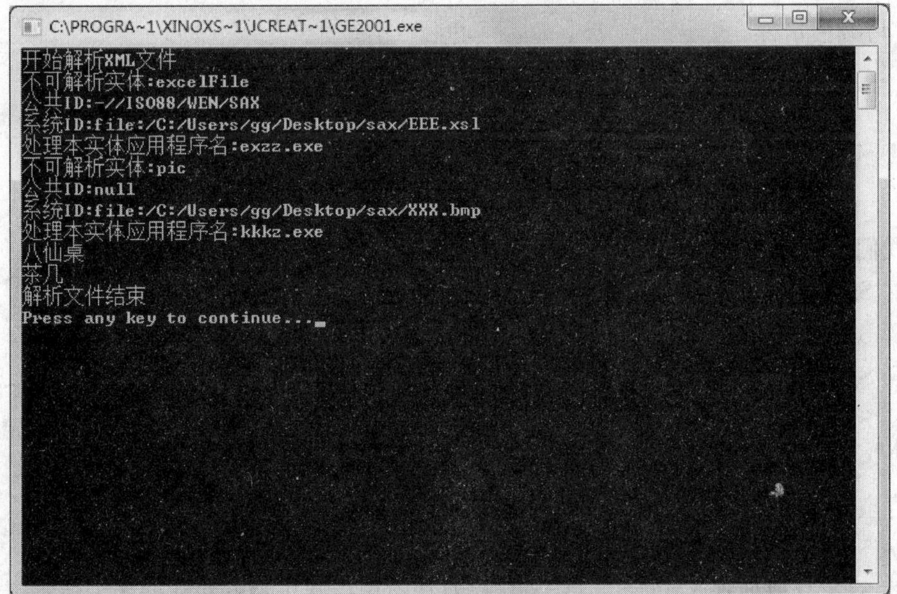

图 8.13 不可解析实体处理结果图

8.14 实训

实训目的：

▶ 通过实训了解 SAX 的事件处理机制；

▶ 掌握创建 SAX 的解析器、创建 SAX 对象；

▶ 掌握使用 SAX 获取 XML 的基本信息；

▶ 将得到的结果在图形界面中表达出来；

▶ 掌握 SAX 接口程序的调试。

实训内容：

将某单位的工资表做成 XML 文件，使用 SAX 接口解析此 XML 文档，构建一个查询、统计系统。要求构建的是一个图形界面，可以方便地输入条件并得到结果。

实训步骤：

(1)完成 XML 文档编写，根据上述实训内容收集相关数据，完成 XML 文档的编写。

(2)设定一定的查询、统计场景。

(3)编写 SAX 接口解析程序。

(4)调试运行。

8.15 小结

我们已经看到利用 SAX 接口对 XML 进行处理的过程，它有其独到之处：

❀ SAX 接口不是 W3C 的标准，只是事实标准。

❀ SAX 接口和 Java 编程紧密相联。

❀ SAX 接口处理 XML 文档是以事件为主导。

❀ SAX 接口处理 XML 文档只能读取不能编辑。

❀ SAX 接口处理 XML 文档是边读取边处理，不用把 XML 文档全部调入内存，节省了内存空间。

❀ SAX 接口处理 XML 文档是顺序访问而不是随机访问。

❀ SAX 接口处理 XML 文档极为灵活，对什么事件感兴趣就对相应的方法重载。

简而言之，读取和操作 XML 文档时，SAX 和 DOM 两种主要的接口是互补的。DOM 适合在对 XML 文件进行修改、随机访问、跨平台等情况；SAX 适合对 XML 文档只读、顺序访问的情况和大 XML 的场合。

习题 8

1. DOM 接口和 SAX 接口有何不同？各自的优缺点是什么？
2. SAX 解析器是否为 XML 声明语句产生“处理指令”事件？为什么？
3. SAX 解析器最先产生的是什么事件？
4. SAX 接口的编程的核心在何处？

第九章　XML 与其他数据文件的转换

主要内容

- ▶ 数据库到 XML 的转换
- ▶ XML 到数据库的转换
- ▶ XML 到 Excel 表的转换
- ▶ Excel 表到 XML 的转换

难点

- ▶ XML 到 Excel 表的转换
- ▶ Excel 表到 XML 的转换

XML 文档是为 Internet 进行数据交换而设计的,在数据到达终点系统后,需要和系统中的各种数据联合工作;另外,由于 XML 文档存储数据是以文本的形式,可能存在安全性等问题。所以 XML 文档和各种数据文件之间的转换就极为重要。

本章主要解决 XML 文档和常用数据文件的转换。整体分两部分:XML 和数据库表的转换,XML 和电子表格的转换。

9.1　数据库表转换成 XML 文档

数据库是各种系统中存储数据的理想场所,另外,在数据管理等方面数据库有许多独到之处。要想将 XML 融入各种系统中,则必须进行 XML 文档和数据库表之间的转换。本节我们讨论数据库表到 XML 文档的转换。需要强调的是,数据库表到 XML 文档的转换有着特别的意义。前面章节中讲到许多构建 XML 文档的方法,手工创建的 XML 文档具有很大的局限性,无法通过手工创建极为丰富的 XML 文档,而通过数据库表转换则能大大地改善这种状况。这是产生 XML 文档的有效途径。编程语言使用 Java,解析 XML 使用 DOM 接口,数据库使用 Access。

9.1.1　建立数据库

单击 Windows 7 系统桌面上的“开始”!“所有程序”!“Microsoft Office Access”,启动数据库管理系统,点击新建数据库,出现如图 9.1 所示界面。

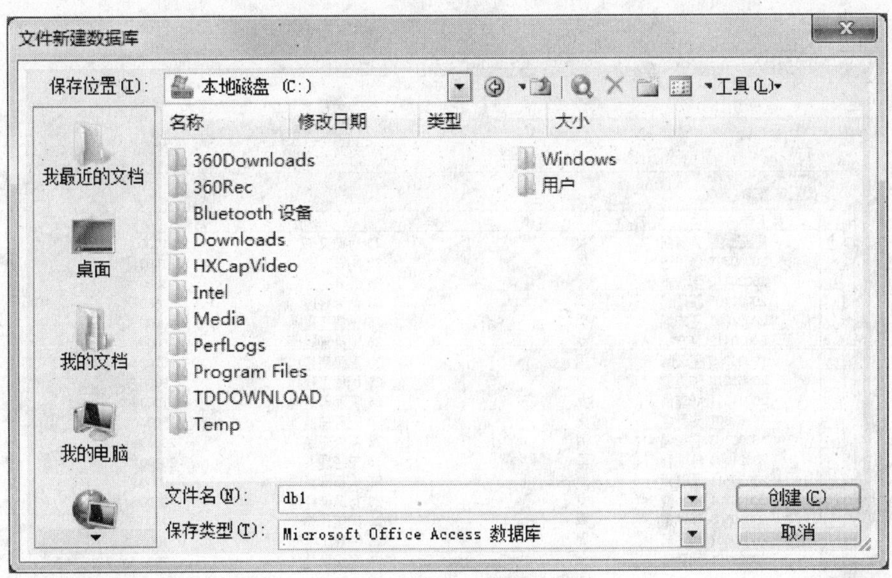

图 9.1　新建数据库界面

将新建数据库命名为“员工信息数据库.mdb”,并点击创建。

9.1.2　建立数据表

创建好数据库之后,就可以在该数据库中建立多个表。打开“员工信息数据库.mdb”数据库,在选择界面上选择“使用设计器创建表”后,单击“设计”,将出现创建表的界面。使用该界面创建名字为“员工信息表”的表,并指定字段及其类型,如图 9.2 所示。

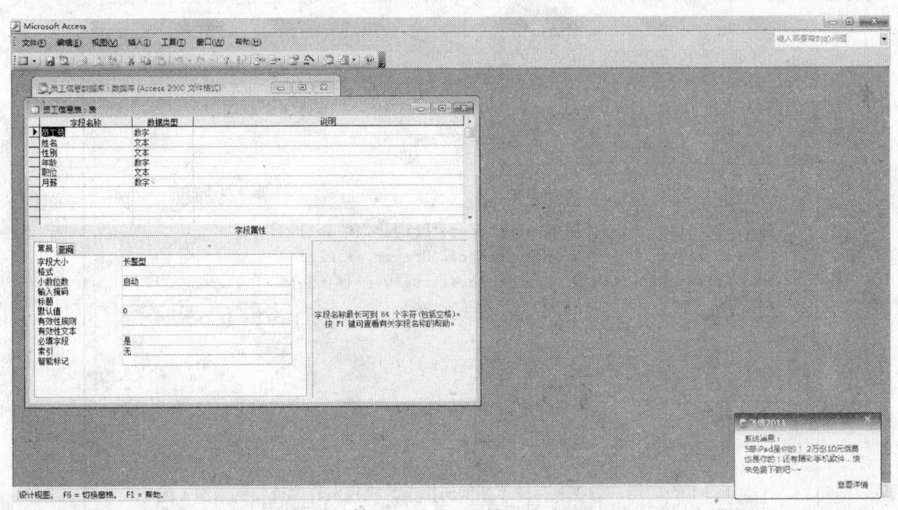

图 9.2　新建表设计

录入表的各行数据,得到的样表如图 9.3 所示。

员工号	姓名	性别	年龄	职位	月薪
20020513	肖雅丽	女	23	行政文书	1800
20030507	张洪涛	男	25	网管	2400
20020710	李俊梅	女	26	会计	3500
20030703	路明起	男	23	商务经理	7000
20021207	王志纲	男	25	销售工程师	10000
20030412	许宁	女	26	财务部经理	5000
19990805	王云峰	男	30	高级商务代表	6700
20051210	陈露露	女	25	销售工程师	6800
20041011	张雪倩	女	26	客服部经理	7000
19980807	史智斌	男	30	财务总监	15000
19980703	霍智强	男	32	商务总监	20000
20021105	陈明智	男	33	总经理	20000
20030111	董雅芳	女	27	人事部经理	10000
20040301	林小曼	女	28	行政部经理	9000
20010506	李瑞杰	男	26	销售代表	4500
20040507	周明起	男	25	销售工程师	7000
20020701	武廷佳	女	26	高级商务代表	7500
0			0		0

图 9.3 输入数据后的数据表

9.1.3 建立 ODBC 数据源

选择“控制面板”!“管理工具”!“ODBC 数据源”，双击 ODBC 数据源图标，出现“ODBC 数据源管理器”界面，如图 9.4 所示，该界面显示了已有的数据源名称。

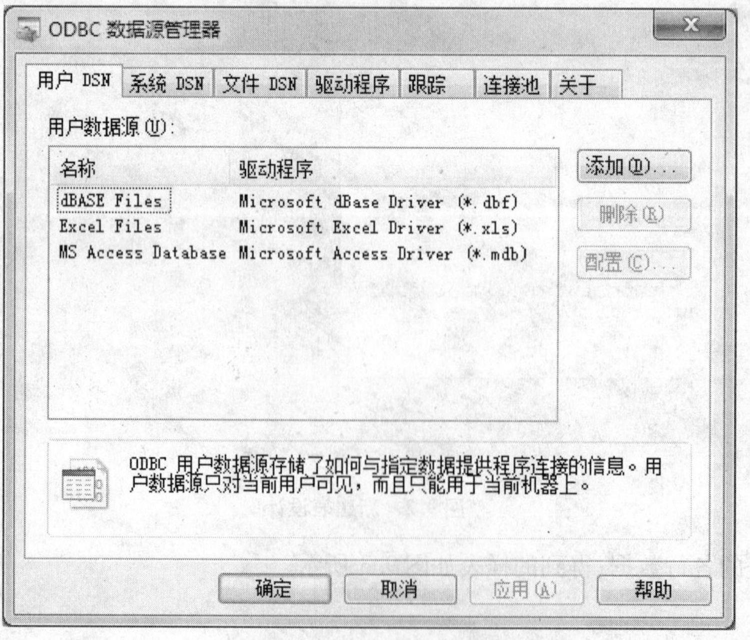

图 9.4 数据源管理器

选择"用户 DSN",单击"添加"按钮,出现"创建数据源"界面,如图 9.5 所示。

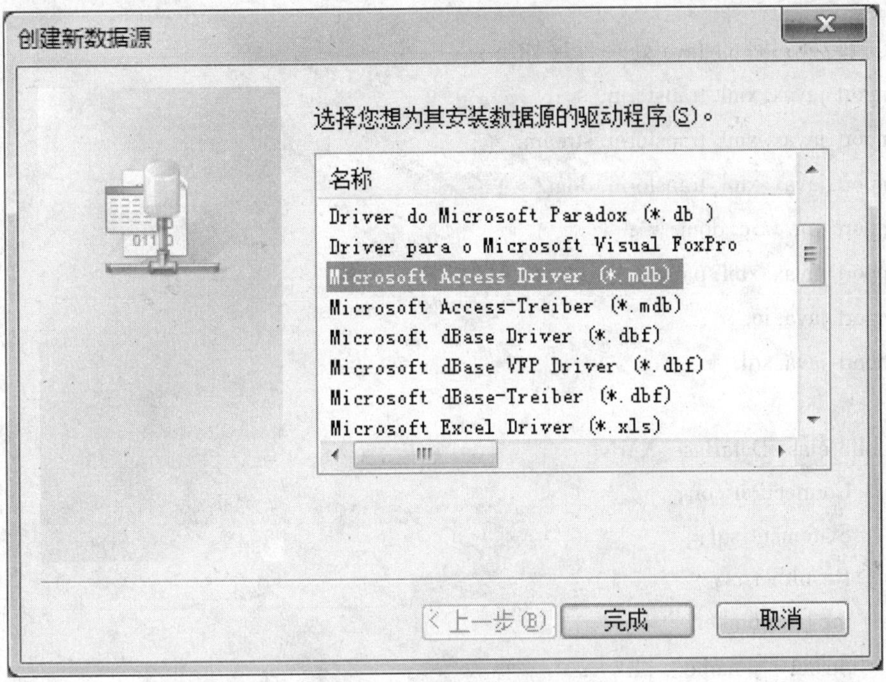

图 9.5 创建新数据源

选择合适的驱动程序。我们要访问 Access 数据表,选择"Microsoft Access Driver"。单击完成按钮,将出现"ODBC Microsoft Access 安装"界面,如图 9.6 所示。

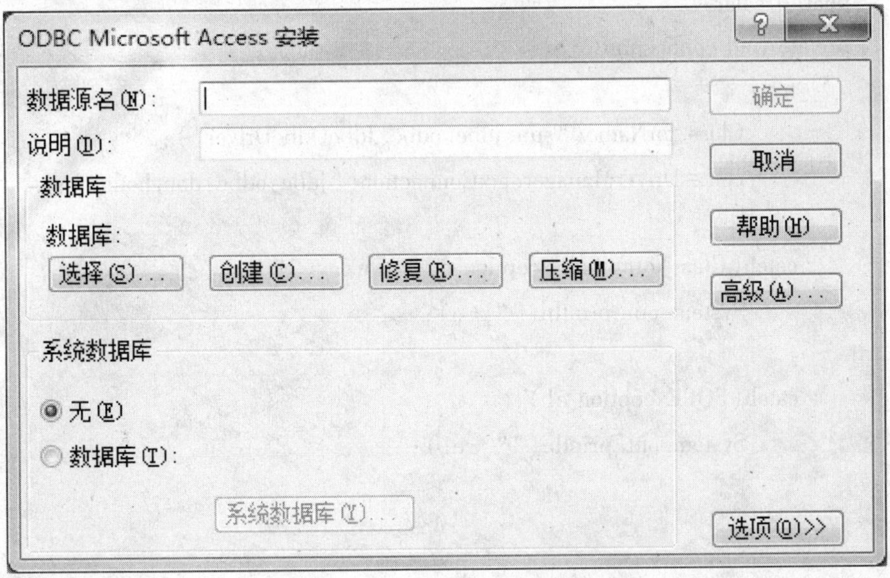

图 9.6 ODBC Microsoft Access 安装

为数据源起一个自己中意的名字,这里给出的是 donghong。这个数据源代表一个数据库。单击界面上的"选择"按钮,选择前面建立的数据库"员工信息数据库. mdb"即可。

9.1.4 将数据库表转换成 XML 文档

实施转换过程的 Java 处理程序如下：

```
import javax. xml. transform. * ;
import javax. xml. transform. stream. * ;
import javax. xml. transform. dom. * ;
import org. w3c. dom. * ;
import javax. xml. parsers. * ;
import java. io. * ;
import java. sql. * ;

public class DataBase_XML{
    Connection con;
    Statement sql;
    ResultSet rs;
    int [ ] number;
    String [ ] name = {""};
    String [ ] gender = {""};
    int[ ] age;
    String [ ] title = {""};
    float[ ] salary;
    private void connection( ){
        try {
            Class. forName( "sun. jdbc. odbc. JdbcOdbcDriver" );
            con = DriverManager. getConnection( "jdbc:odbc:donghong" );
        }
        catch( ClassNotFoundException e) {
            System. out. println( "" + e);
        }
        catch( SQLException e1) {
            System. out. println( "" + e1);
        }
    }

    private void ReadRecord( ) {
```

```
try{
    sql = con. createStatement
    (ResultSet. TYPE_SCROLL_SENSITIVE,ResultSet. CONCUR_READ_ONLY);
    rs = sql. executeQuery("SELECT * FROM 员工信息表");
    rs. last();
    int recordAmount = rs. getRow();
    number = new int[recordAmount];
    name = new String[recordAmount];
    gender = new String[recordAmount];
    age = new int[recordAmount];
    title = new String[recordAmount];
    salary = new float[recordAmount];
    int k =0;
    rs. beforeFirst();
    while(rs. next()){
        number[k] = rs. getInt(1);
        name[k] = rs. getString(2);
        gender[k] = rs. getString(3);
        age[k] = rs. getInt(4);
        title[k] = rs. getString(5);
        salary[k] = rs. getFloat(6);
        k + +;
    }
    con. close();
}
  catch(SQLException e){
        System. out. println(e);
  }
}
private void createXML(){
    try{ DocumentBuilderFactory factory =
        DocumentBuilderFactory. newInstance();
        DocumentBuilder paser = factory. newDocumentBuilder();
        Document document = paser. newDocument();
        document. setXmlVersion("1. 0");
        Element root = document. createElement("员工信息表");
```

```
document. appendChild( root) ;
for( int k =0;k < name. length;k + + ) {
    Node employee = document. createElement( "员工") ;
    root. appendChild( employee) ;
    Node hao = document. createElement( "员工号") ;
    hao. appendChild( document. createTextNode( Integer. toString( number
[k])));
    Node xingming = document. createElement( "姓名") ;
    xingming. appendChild( document. createTextNode( name[ k] ) ) ;
    Node xingbie = document. createElement( "性别") ;
    xingbie. appendChild( document. createTextNode( gender[ k] ) ) ;
    Node nianling = document. createElement( "年龄") ;
    nianling. appendChild( document. createTextNode( Integer. toString( age
[k])));
    Node zhiwu = document. createElement( "职务") ;
    zhiwu. appendChild( document. createTextNode( title[ k] ) ) ;
    Node pay = document. createElement( "薪水") ;
      pay. appendChild( document. createTextNode( Float. toString( salary
[k])));
    employee. appendChild( hao) ;
    employee. appendChild( xingming) ;
    employee. appendChild( xingbie) ;
    employee. appendChild( nianling) ;
    employee. appendChild( zhiwu) ;
    employee. appendChild( pay) ;
}
TransformerFactory transFactory = TransformerFactory. newInstance( ) ;
Transformer transformer = transFactory. newTransformer( ) ;
DOMSource domSource = new DOMSource( document) ;
File f = new File( "newXML. xml" ) ;
FileOutputStream out = new FileOutputStream( f) ;
StreamResult xmlResult = new StreamResult( out) ;
transformer. transform( domSource, xmlResult) ;
out. close( ) ;
}
catch( Exception e) {
    System. out. println( e) ;
```

```
        }
    }
    public static void main(String[ ] arg){
        DataBase_XML data = new DataBase_XML( );
        data. connection( );
        data. ReadRecord( );
        data. createXML( );
    }
}
```

在 Java 开发环境中保存为 DataBase_XML. java。编译并运行,得到的 XML 文档在 IE 中显示的效果如图 9. 7 所示。

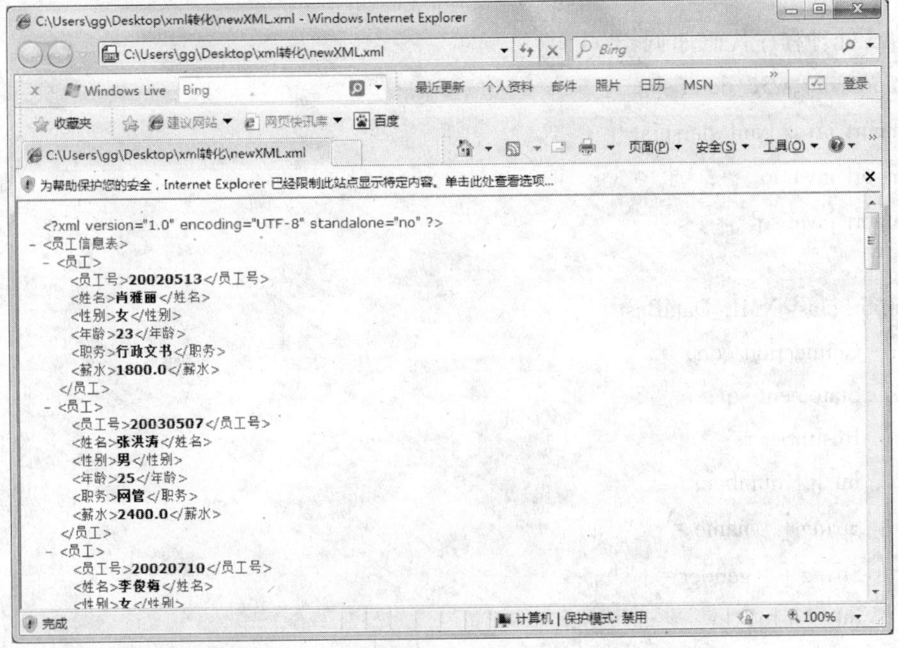

图 9. 7　由数据库表转换成的 XML 文档效果图

对 Java 程序作简单解释如下:

connection( )方法完成数据库的连接,使用的是 JDBC - ODBC 桥接器。

ReadRecord( )方法完成数据库表内容的读取。“rs = sql. executeQuery(" SELECT * FROM 员工信息表"),”查询员工信息表中的所有数据到结果集中;进而得到结果集的行数为存储结果的几个数组初始化,将结果中的第 n 行的每一列的值分别赋予对应数组的第 n 个元素。

createXML( )方法完成 XML 文档的构建。此方法其实是第七章 DOM 创建 XML 文档的扩展,数据的来源不再是由程序简单给出,而是来自一个数据库。

9.2　XML 文档到数据库表的转换

本节我们讨论 XML 文档到数据库表的转换,其实是上节内容的逆操作。编程语言仍是 Java,解析 XML 使用 DOM 接口,数据库使用 Access。

9.2.1　准备 XML 文档和数据库表

XML 文档准备用上节生成的 newXML.xml。数据库也使用上节的库。需要新建一个表"普通员工信息表",各字段的定义复制"员工信息表",数据内容为空。

9.2.2　Java 处理程序的编制

Java 处理程序代码如下。

```
import org.w3c.dom.*;
import javax.xml.parsers.*;
import java.io.*;
import java.sql.*;

public class XML_DataBase{
    Connection con;
    Statement sql;
    ResultSet rs;
    int [] number;
    String [] name = {""};
    String [] gender = {""};
    int[] age;
    String [] title = {""};
    float[] salary;
    boolean[] flag;
    int recordAmount;
    private void connection(){
        try {
            Class.forName("sun.jdbc.odbc.JdbcOdbcDriver");
            con = DriverManager.getConnection("jdbc:odbc:donghong");
        }
        catch(ClassNotFoundException e){
            System.out.println("" +e);
```

```
        }
        catch(SQLException e1){
            System.out.println(""+e1);
        }
    }

    private void WriteRecord(){

    for(int k=0;k<recordAmount;k++){
        if(!flag[k])continue;
        try{
            sql=con.createStatement();
            String insertData="INSERT INTO 普通员工信息表 VALUES("+num-
ber[k]+",'"+name[k]+"','"+gender[k]+"',"+age[k]+",'"+title[k]+"',"+
salary[k]+")";
            sql.executeUpdate(insertData);

        }
        catch(SQLException e){
            System.out.println(e);
        }
    }
    try{
        con.close();
    }
    catch(SQLException e){
        System.out.println(e);
        }
    }
    private void ReadXML(){
        try{ DocumentBuilderFactory factory =
            DocumentBuilderFactory.newInstance();
            DocumentBuilder builder=factory.newDocumentBuilder();
            Document document=builder.parse(new File("newXML.xml"));
            Element root=document.getDocumentElement();
            String rootName=root.getNodeName();
            NodeList nodelist=root.getElementsByTagName("员工");
```

```
recordAmount = nodelist. getLength( ) ;
number = new int[ recordAmount] ;
name = new String[ recordAmount] ;
gender = new String[ recordAmount] ;
age = new int[ recordAmount] ;
title = new String[ recordAmount] ;
salary = new float[ recordAmount] ;
flag = new boolean[ recordAmount] ;
for( int i =0;i < recordAmount;i + + ) {
   flag[ i] = false;
}
for( int k =0;k < name. length;k + + ) {
   Node node = nodelist. item( k) ;
   if( node. getNodeType( ) = = Node. ELEMENT_NODE) {
         Element element = ( Element) node;
         NodeList list = element. getChildNodes( ) ;
         int shu = list. getLength( ) ;
         for( int m = shu - 1;m > =0;m - - ) {
            Node jiedian = list. item( m) ;
            Element ele = ( Element) jiedian;
            if( m = = shu - 1&&Float. parseFloat( ele. getTextContent( ) ) >5000)
               break;

               flag[ k] = true;
            switch( m) {
               case 0:number[ k] = Integer. parseInt( ele. getTextContent( ) ) ;break;
               case 1:name[ k] = ele. getTextContent( ) ;break;
               case 2:gender[ k] = ele. getTextContent( ) ;break;
               case 3:age[ k] = Integer. parseInt( ele. getTextContent( ) ) ;break;
               case 4:title[ k] = ele. getTextContent( ) ;break;
               case 5:salary[ k] = Float. parseFloat( ele. getTextContent( ) ) ;break;
            }

         }
   }
```

```
            }
        }
        catch(Exception e){
            System.out.println(e);
        }
    }
    public static void main(String[] arg){
        XML_DataBase data = new XML_DataBase();
        data.connection();
        data.ReadXML();
        data.WriteRecord();
    }
}
```

在 Java 开发环境中保存文件为 XML_DataBase.java，编译并运行，得到的新 Access 表如图 9.8 所示。

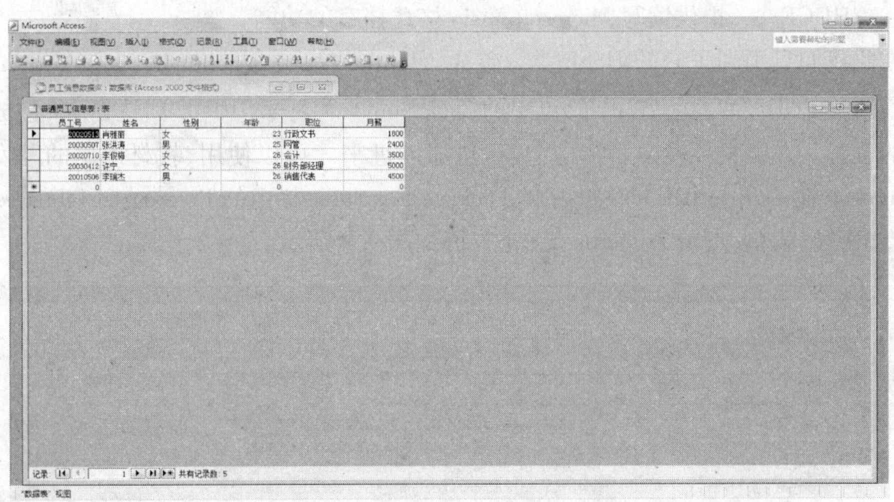

图 9.8　由 XML 文档生成的 Access 表

程序关键内容解读如下：

ReadXML()方法负责读取 XML 文档中的数据。此处对需要的数据进行了一个简单的筛选，将月薪少于 5000 的人员信息读取出来。文档中标志 flag 表示读取到的数据是否符合要求，用 break 语句跳出循环。读取到的 XML 文档中的第 n 个员工的信息分别放入 6 个数组的第 n 个元素中。

connection()方法负责连接数据库，同上例。

WriteRecord()方法负责把符合要求的数据写入指定的表中。调用 SQL 的 INSERT INTO 语句，即可实现。

9.3　XML 文档到 Excel 表的转换

除了 Access 数据表格,Office 中的另一组件 Excel 因其简单实用功能强大等特性而受到越来越多人尤其是从事实际工程人员的青睐,XML 融入各种系统中,则不可避免地会需要进行 XML 文档与 Excel 文档之间的转换。本节要讲解 XML 与 Excel 表之间的转换。由于要对 Excel 表进行操作,为此对操作工具进行简单介绍。

9.3.1　Apache POI 及其类库的配置

Apache POI 是 Apache 软件基金会的开放源码函数库,POI 提供 API 给 Java 程式,实现对 Microsoft Office 文档读和写的功能。其结构如下:

HSSF——提供读写 Microsoft Excel 格式档案的功能。

XSSF——提供读写 Microsoft Excel OOXML 格式档案的功能。

HWPF——提供读写 Microsoft Word 格式档案的功能。

HSLF——提供读写 Microsoft PowerPoint 格式档案的功能。

HDGF——提供读写 Microsoft Visio 格式档案的功能。

在此我们只用到了它的 HSSF 类。首先,从 http://poi.apache.org/download.html 上下载最新的 POI 类库,将其解压的包中的"poi-bin-3.7-20101029"这个 jar 包放入自定义的位置。在开发环境中需将这个 jar 包加入进来才可以使用,教材使用的开发环境是 Eclipse。在 Eclipse IDE 的左边栏的 Package Eexplorer 栏内的 Referenced Libraries 项上右键点击弹出菜单,点击 Properties,弹出界面如图 9.9 所示。

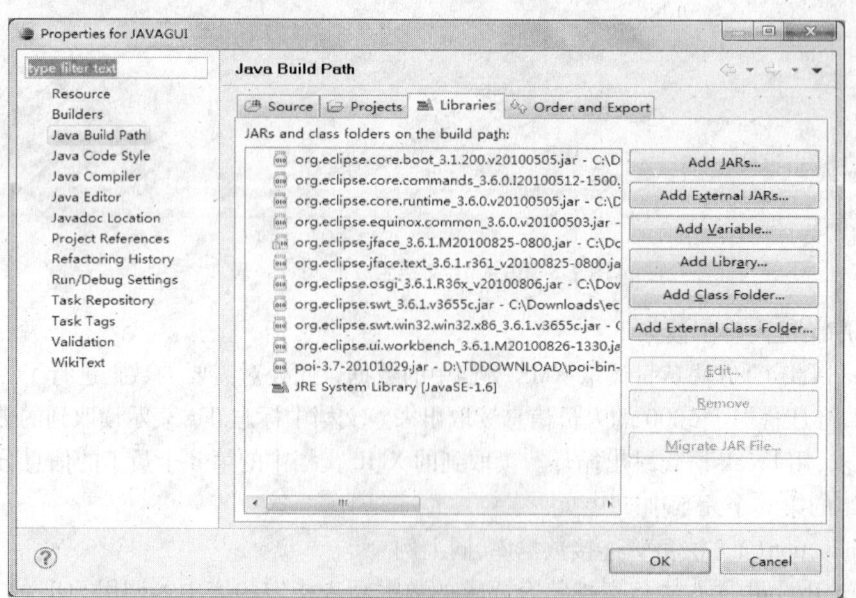

图 9.9　外部包的加入

在 Libraries 标签中单击"Add External JARs"，指定存放 POI 的路径即可。

9.3.2　XML 文档到 Excel 表转换设计

以实例说明设计过程。所需 XML 文档使用 9.1 中生成的 newXML.xml 文件，Java 处理程序代码如下。

```
import java.io.File;
import java.io.FileOutputStream;
import javax.xml.parsers.DocumentBuilder;
import javax.xml.parsers.DocumentBuilderFactory;

import org.apache.poi.hssf.usermodel.HSSFCell;
import org.apache.poi.hssf.usermodel.HSSFRow;
import org.apache.poi.hssf.usermodel.HSSFSheet;
import org.apache.poi.hssf.usermodel.HSSFWorkbook;
import org.w3c.dom.Document;
import org.w3c.dom.Element;
import org.w3c.dom.Node;
import org.w3c.dom.NodeList;

public class XML_Excel {
    int [ ] number;
    String [ ] name = {""};
    String [ ] gender = {""};
    int [ ] age;
    String [ ] title = {""};
    float [ ] salary;
    boolean [ ] flag;
    int recordAmount;
    public static String outputFile = "D:/JTest/gongye.xls";
    String[ ] head = {"员工号","姓名","性别","年龄","职务","月薪"};
    private void ReadXML( ){
        try { DocumentBuilderFactory factory =
            DocumentBuilderFactory.newInstance( );
            DocumentBuilder builder = factory.newDocumentBuilder( );
            Document document = builder.parse(new File("D:\\JTest\\newXML.xml"));
            Element root = document.getDocumentElement( );
            String rootName = root.getNodeName( );
```

```
            NodeList nodelist = root. getElementsByTagName("员工");
            recordAmount = nodelist. getLength();
            number = new int [recordAmount];
            name = new String[recordAmount];
            gender = new String[recordAmount];
            age = new int [recordAmount];
            title = new String[recordAmount];
            salary = new float [recordAmount];
            flag = new boolean [recordAmount];
            for (int i = 0;i < recordAmount;i + +) {
                flag[i] = false ;
            }
            for (int k = 0;k < name. length;k + +) {
                Node node = nodelist. item(k);
                if (node. getNodeType() = = Node. ELEMENT_NODE) {
                    Element element = (Element)node;
                    NodeList list = element. getChildNodes();
                    int shu = list. getLength();
                    for (int m = shu - 1;m > =0;m - -) {
                        Node jiedian = list. item(m);
                        Element ele = (Element)jiedian;
                         if (m = = shu - 1&&Float. parseFloat(ele. getTextContent
()) >8000)
                            break ;

                            flag[k] = true ;
                        switch (m) {
                             case 0:number[k] = Integer. parseInt(ele. getText-
Content());break;
                            case 1:name[k] = ele. getTextContent();break;
                            case 2:gender[k] = ele. getTextContent();break;
                            case 3:age[k] = Integer. parseInt(ele. getTextContent
());break;
                            case 4:title[k] = ele. getTextContent();break;
                            case 5:salary[k] = Float. parseFloat(ele. getTextCon-
tent());break;
```

```
                    }
                }
            }
        }
    }
    catch (Exception e){
        System. out. println(e);
    }
}
private void createExcel(){
    try {
        HSSFWorkbook workbook = new HSSFWorkbook();
        HSSFSheet sheet  =  workbook. createSheet("普通员工信息表");

        HSSFRow row  =  sheet. createRow((short)0);

        for (int i =0;i < head. length;i + + ){
            HSSFCell cell  =  row. createCell(i);

            cell. setCellType(HSSFCell. CELL_TYPE_STRING);

            cell. setCellValue(head[i]);
        }
        int zz =1;
        for (int k =0;k < recordAmount;k + + ){
            if (! flag[k])continue ;
            row  =  sheet. createRow((short)zz + + );
            for (int yy =0;yy <6;yy + + ){
                switch (yy){
                case 0:row. createCell(yy). setCellValue(number[k]);break;
                case 1:row. createCell(yy). setCellValue(name[k]);break;
                case 2:row. createCell(yy). setCellValue(gender[k]);break;
                case 3:row. createCell(yy). setCellValue(age[k]);break;
                case 4:row. createCell(yy). setCellValue(title[k]);break;
                case 5:row. createCell(yy). setCellValue(salary[k]);break;
                }
            }
        }
```

```
                FileOutputStream fOut  =  new FileOutputStream( outputFile) ;
                workbook. write( fOut) ;
                fOut. flush( ) ;
                fOut. close( ) ;
                System. out. println( " 文件生成. . . " ) ;
                } catch ( Exception e)  {
                System. out. println( "  " + e  ) ;

                }

            }

        / * *
         *  @ param args
         * /
        public static void main( String[ ] args) {
            // TODO Auto - generated method stub
            XML_Excel obj = new XML_Excel( ) ;
            obj. ReadXML( ) ;
            obj. createExcel( ) ;
        }
    }
```

新生成的 Excel 表如图 9. 10 所示。

Microsoft Excel - gongye

	A	B	C	D	E	F
1	员工号	姓名	性别	年龄	职务	月薪
2	20020513	肖雅丽	女	23	行政文书	1800
3	20030507	张洪涛	男	25	网管	2400
4	20020710	李俊梅	女	26	会计	3500
5	20030703	路明起	男	23	商务经理	7000
6	20030412	许宁	女	26	财务部经理	5000
7	19990805	王云峰	男	30	高级商务代	6700
8	20051210	陈露露	女	25	销售工程师	6800
9	20041011	张雪倩	女	26	客服部经理	7000
10	20010506	李瑞杰	男	26	销售代表	4500
11	20040507	周明起	男	25	销售工程师	7000
12	20020701	武廷佳	女	26	高级商务代	7500

普通员工信息表

图 9. 10　新生成的 Excel 表效果

程序总体上分两部分：XML 数据的读取和生成新的 Excel 表。

ReadXML( )方法完成数据的读取。采用的方法和上节是一致的，只是在细节上读取数据从薪水小于等于 5000 改成 8000，余者无太大变化。

createExcel( )方法生成新的 Excel 表。和前面实例不一样的包都是为此功能引入的。利用"HSSFWorkbook workbook = new HSSFWorkbook( );"生成工作薄，并依次构建表单 HSSFSheet、行 HSSFRow 和单元格 HSSFCell；在第一行填入标题，标题的内容在 head 字符串数组中；接下来一个循环中生成新行、单元格，并将 6 个数组的内容填入合适的位置；最后，存入外存。

9.4　Excel 表到 XML 文档的转换

本转换和上节时正好相逆的过程。实例所用 Excel 表为上节生成的，Java 处理程序代码如下。

```
package swtjfaceExample;

import java.io.File;
import java.io.FileInputStream;
import java.io.FileOutputStream;
import java.io.IOException;
import java.util.Iterator;
import java.util.List;
import java.util.Vector;

import javax.xml.parsers.DocumentBuilder;
import javax.xml.parsers.DocumentBuilderFactory;
import javax.xml.transform.Transformer;
import javax.xml.transform.TransformerFactory;
import javax.xml.transform.dom.DOMSource;
import javax.xml.transform.stream.StreamResult;

import org.apache.poi.hssf.usermodel.HSSFWorkbook;
import org.apache.poi.ss.usermodel.Cell;
import org.apache.poi.ss.usermodel.Row;
import org.apache.poi.ss.usermodel.Sheet;
import org.apache.poi.ss.usermodel.Workbook;
import org.w3c.dom.Document;
import org.w3c.dom.Element;
```

```
import org. w3c. dom. Node;

public class Excel_XML {
    Vector item,kkk;
    String[ ] element = {"员工号","姓名","性别","年龄","职务","月薪"};

    /* *
     * @param args
     */
public void Read_Excel() {
    item = new Vector( );
    kkk = new Vector( );

        try {
            FileInputStream   ggg = new FileInputStream("D:\\JTest\\gongye. xls");
            Workbook wb  =  new HSSFWorkbook(ggg);
            Sheet sheet  =  wb. getSheetAt(0);

            for (Iterator < Row >  rit  =  sheet. rowIterator( ); rit. hasNext( ); ) {
                Row row  =  rit. next( );
                item = new Vector( );
                for (Iterator < Cell >  cit  =  row. cellIterator( ); cit. hasNext( ); ) {
                    Cell cell  =  cit. next( );
                    item. add(cell);
                }
                kkk. add(item);
            }
        ggg. close( );
    } catch (IOException e) {
        e. printStackTrace( );
    }
}
private void    createXML( ) {
try { DocumentBuilderFactory factory =
        DocumentBuilderFactory. newInstance( );
        DocumentBuilder paser = factory. newDocumentBuilder( );
        Document document = paser. newDocument( );
```

```
        document.setXmlVersion("1.0");
        Element root = document.createElement("员工信息表");
        document.appendChild(root);
        for (int i = 1;i < kkk.size();i++) {
        item = (Vector)kkk.get(i);
        Node employee = document.createElement("员工");
        root.appendChild(employee);
        for (int m = 0;m < 6;m++) {
            Node hao = document.createElement(element[m]);
            if (m == 0) {
                Cell cell = (Cell)item.get(m);
                long temp = (long)cell.getNumericCellValue();
                hao.appendChild(document.createTextNode("" + temp));
            } else if (m == 3) {
                Cell cell = (Cell)item.get(m);
                int temp = (int)cell.getNumericCellValue();
                hao.appendChild(document.createTextNode("" + temp));
            } else {
                hao.appendChild(document.createTextNode("" + item.get(m)));
            }
            employee.appendChild(hao);
          }
        }
        TransformerFactory transFactory = TransformerFactory.newInstance();
        Transformer transformer = transFactory.newTransformer();
        DOMSource domSource = new DOMSource(document);
        File f = new File("D:\\JTest\\Excel2XML.xml");
        FileOutputStream out = new FileOutputStream(f);
        StreamResult xmlResult = new StreamResult(out);
        transformer.transform(domSource,xmlResult);
        out.close();
    }
    catch (Exception e) {
        System.out.println(e);
      }
    }
```

```
    public static void main(String[ ] args) {
        // TODO Auto - generated method stub
        Excel_XML data = new Excel_XML( ) ;
        data. Read_Excel( ) ;
        data. createXML( ) ;
    }
}
```

新生成的 XML 文档在 IE 中显示结果如图 9. 11 所示。

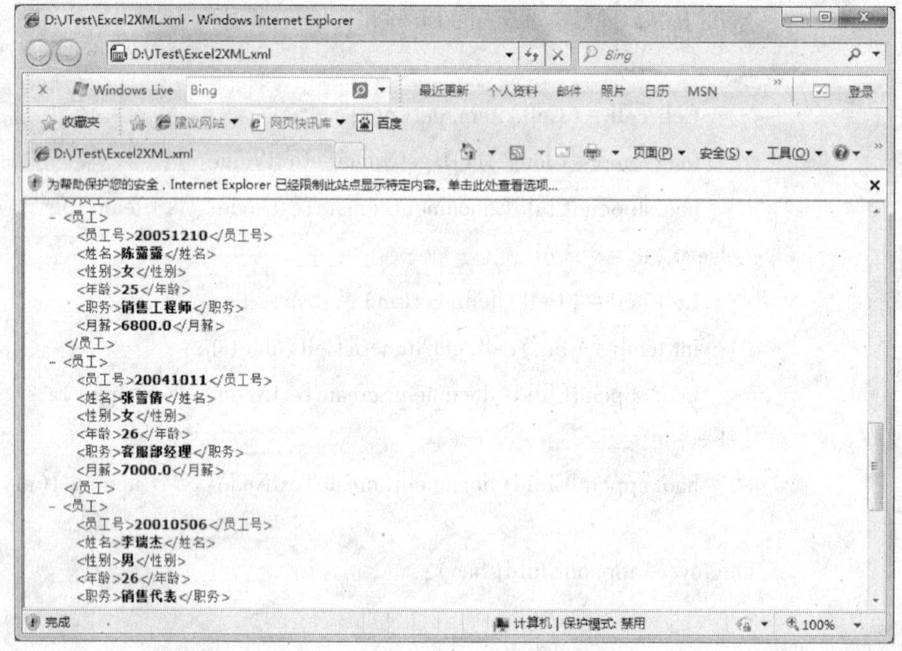

图 9. 11　新产生的 XML 文档显示效果

Java 程序关键内容介绍如下。

Read_Excel( )方法负责数据的读取。和前面实例不同，这里读取出的数据放入 Vector 变量中。其中 Excel 表每一行的数据放入变量 item 中，多个 item 内容放入变量 kkk 中。在读取数据的二重循环中使用了迭代器(Iterator)作为判断循环的条件，使循环的结构简洁明了。

createXML( )方法负责生成 XML 文档。此方法和前面的实例有相似之处，我们只讨论其特别点。由于数据是从 Excel 表中读取的，各单元格的数据类型不同时要做相应的处理。本实例主要涉及文本型和数字型，需要处理的是数字型。员工号强制转成 long 型，年龄转换成 int 型。

9.5　小结

XML 文档可以和各种数据格式可以进行转换,这是 XML 存在的重要支点。本章的转换只是众多转换的代表。

❀ XML 和 Access 表的转换能延伸到 XML 和所有数据库的转换。

❀ XML 和 Excel 表的转换可以延伸到与 Microsoft Office 文档的转换。

随着 XML 应用的愈加广泛,XML 和各种数据文件的转换会受到更多的重视。在此方面的研究也会越来越多。

习题 9

1. 根据本章的 4 个实例设计一个较为复杂的数据转换系统。要求:图形界面,可以选择原始文件和生成的文件类型与具体的文件,内部数据名称自动产生。

2. XML 文件和 TXT 文件能转换吗? 为什么?